职业教育教学改革规划教材

现代制造技术概论

主　编　汪哲能
参　编　蔡　艳
主　审　张定军

机 械 工 业 出 版 社

制造业是社会发展的基础产业，随着新技术的发展，制造业面临着前所未有的挑战与机遇。本书系统地介绍了现代制造技术的基本内容、体系结构和最新进展，在力求保证现代制造技术理论的系统性和完整性的基础上，着重介绍了一些实用、先进、相对成熟的制造技术。

本书共四部分，包括现代制造技术的发展及体系结构、现代设计技术、现代加工制造技术和现代制造管理技术。

本书可作为职业教育院校机械制造及其相关专业的教学用书，也可作为相关技术人员的参考用书。

图书在版编目（CIP）数据

现代制造技术概论/汪哲能主编．—北京：机械工业出版社，2010.8（2021.4重印）

职业教育教学改革规划教材

ISBN 978-7-111-31159-1

Ⅰ.①现…　Ⅱ.①汪…　Ⅲ.①机械制造工艺－职业教育－教材　Ⅳ.①TH16

中国版本图书馆CIP数据核字（2010）第126401号

机械工业出版社（北京市百万庄大街22号　邮政编码100037）

策划编辑：王佳玮　责任编辑：王莉娜　王佳玮　王亚明

版式设计：霍永明　责任校对：张玉琴

封面设计：鞠　杨　责任印制：常天培

北京富资园科技发展有限公司印刷

2021年4月第1版第9次印刷

184mm×260mm·9印张·217千字

标准书号：ISBN 978-7-111-31159-1

定价：29.00元

电话服务	网络服务
客服电话：010-88361066	机　工　官　网：www.cmpbook.com
010-88379833	机　工　官　博：weibo.com/cmp1952
010-68326294	金　书　网：www.golden-book.com
封底无防伪标均为盗版	机工教育服务网：www.cmpedu.com

前　言

制造是人类文明的支柱。制造技术是当代科技发展中最为活跃的领域，是产品更新、生产发展、国际间经济竞争的重要手段。制造业是重要的基础产业，它一方面直接创造价值，成为社会财富的主要创造者和国民经济收入的主要来源；另一方面，为国民经济各部门，包括国防和科学技术的进步提供先进的技术和装备。近半个世纪以来，制造技术的发展日新月异。特别是近30年来，随着科学技术的迅猛发展，尤其是以计算机、信息技术为代表的高新技术的发展，制造技术的内涵和外延发生了革命性的变化。传统制造技术不断吸收信息、材料、能源及管理等领域的最新成果，综合应用于产品的设计、制造、检测、生产管理和售后服务等领域。在加工制造技术和制造管理技术等方面，许多新的思想和概念不断涌现，不同学科之间相互渗透、交叉融合，衍生出新的研究领域，迅速改变着传统制造业的面貌。科学与技术趋向综合化、整体化，传统的制造技术得以不断深入发展。在21世纪，制造业面临新的挑战和机遇，现代制造技术正处在不断变化与完善之中。

为使机械类专业的学生能对现代制造技术的基本情况有所了解，培养良好的专业素质，编者在广泛参阅相关文献的基础上编写了本书。本书系统地介绍了现代制造技术的基本内容、体系结构和最新进展，在力求保证现代制造技术理论的系统性和完整性的基础上，着重介绍了一些实用、先进、相对成熟的制造技术。

本书由衡阳财经工业职业技术学院汪哲能主编，蔡艳参加编写。清华大学、北京殷华激光快速成形与模具技术有限公司的张定军博士认真审阅了书稿，并提出了宝贵的修改意见。牛顿曾说过：“我之所以比别人看得更远，是因为站在巨人的肩膀上。”在此，编者对编写本书时所参考的书籍及论文的作者表示由衷的谢意。

本书的特点可归纳为：新、多、杂、变。“新”是指本书的内容大都是新近发展起来的制造技术，相对于传统制造技术而言比较新。“多”和“杂”是指本书内容多而且庞杂。现代制造技术的内容繁多而且学科交叉、技术融合，不断衍生出新的分支学科，很多内容的分类不是特别清晰。“变”是指随着科学和制造技术的发展，本书中的一些内容，甚至概念都有可能发生变化。由于现代制造技术是一个正在迅速发展的、综合性强、涉及范围广的领域，编写本书是一项颇具挑战性的工作，尽管编者在编写过程中付出了很大的努力，力求精益求精，但由于水平和视野的限制，书中的不足和欠妥之处仍在所难免，衷心希望得到有关专家、同行和读者的批评指正。

编　者

目　　录

第一章　现代制造技术的发展及体系结构

◆知识能力目标

1. 掌握制造的概念，了解现代社会制造的特点。
2. 掌握制造技术的概念，了解制造技术的分类。
3. 掌握制造业的概念，了解制造业的作用。
4. 掌握制造系统的概念。
5. 了解制造技术的发展历程。
6. 了解现代制造技术的发展趋势。
7. 掌握现代制造技术的分类，了解现代制造技术的特点。

在日常生活和工业生产中，人们广泛使用着工业产品，大到飞机和汽车，小到闹钟和手机。这些产品虽然在结构、性能和用途上不尽相同，但是都含有机械和电子元件，其诞生都不能脱离制造这一环节。

第一节　概　　述

一、相关概念

1. 制造

所谓制造，是一种将有关资源（如物料、能源、资金、人力、信息等），按照社会的需求转变为新的、有更高应用价值的资源（如有形的物质产品和无形的软件、服务等产品）的行为和过程。

制造过程是人们按照市场需求，运用主观掌握的知识和技能，借助手工或可以利用的客观物质工具，利用有效的方法，将原材料转化为最终产品并投放市场的全过程。制造过程可以从不同的角度来理解，如图 1-1 所示。

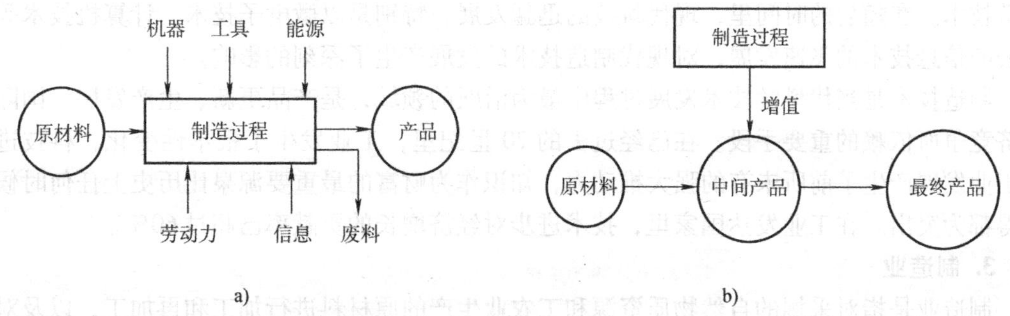

图 1-1　制造过程

a）从技术角度理解制造过程　b）从经济角度理解制造过程

“制造”有两种理解方式：一种是狭义的制造概念，指产品的“制作过程”，即生产车间内与物流有关的加工和装配过程，可称作“小制造概念”，如机械加工过程；另一种是广义的制造概念，指产品整个生命周期过程，又称为“大制造概念”，包含市场分析、产品设计、工艺设计、生产准备、计划控制、生产工艺过程、装配检验、质量保证、生产过程管理、市场营销、售前售后服务，以及产品报废后的回收处理等整个产品生命周期内的一系列相互联系的生产活动。本书所涉及的制造概念主要指“大制造概念”，涉及国民经济的大量行业，如机械、电子、化工、食品、军工等。

现代社会的制造主要有以下三个特点：

（1）大制造　大制造包括光机电产品的制造（离散制造）、工业流程制造（连续制造）、材料制备等，是一种广义的制造概念。按不同行业，大制造可分为机械制造、食品加工、轻工制造、化工制造、IT（信息技术）产品、工程机械制造等；从制造方法来看，大制造不仅包括机械加工方法，还包括高能束加工方法、微机械加工方法、电化学加工方法、快速成形技术等。

（2）全过程　制造不再仅仅指产品从毛坯到成品的加工和制造过程，而是指相关工作人员进行的包括产品的市场信息分析、产品决策（市场调研和预测）、产品设计、选材和工艺设计、生产准备、加工和制造过程（生产加工、质量管理、生产过程管理）、市场营销、产品售前和售后服务、报废产品的处理和回收，以至产品全生命周期的设计、制造和管理，即产品生命循环周期内一系列相互联系的活动的过程。

（3）多学科　现代制造的多学科性，指其是微电子、计算机、自动化、网络通信等信息科学、管理科学、生命科学、材料科学与工程、制造科学的交叉和融合。

2. 制造技术

制造技术是使原材料成为人们所需产品而使用的一系列技术和装备的总称，是涵盖整个生产制造过程的各种技术和装备的集成。

从广义上讲，制造技术包括设计技术、加工制造技术、管理技术三大类。设计技术是指开发、设计产品的方法；加工制造技术是指将原材料加工成设计产品而采用的生产设备及方法；管理技术是指将产品生产制造所需的物料、设备、人力、资金、能源、信息等资源有效地组织起来，以达到生产目的的方法。

现代制造技术是在传统机械制造技术的基础上发展起来的，二者的分界时间大体是在20世纪50~60年代，分界的主要标志是当时先后诞生的计算机、数控机床、工业机器人等科学技术。在随后的时间里，现代科技的迅猛发展，特别是以微电子技术、计算机技术等为代表的信息技术的飞速发展，对现代制造技术的发展产生了深刻的影响。

制造技术是当代科学技术发展过程中最为活跃的领域，是产品更新、生产发展、国际间经济竞争所依赖的重要手段。在已经过去的20世纪里，工业发生了根本性变化，科技进步对工业发展产生了前所未有的强大推动力，知识作为财富的最重要源泉比历史上任何时候表现得都为突出。在工业发达国家里，技术进步对经济增长的贡献率已超过60%。

3. 制造业

制造业是指对采掘的自然物质资源和工农业生产的原材料进行加工和再加工，以及对零部件进行装配，为国民经济其他部门提供生产资料，为全社会提供生活资料的社会生产部门。制造业涉及国民经济的许多行业，包括机械、食品工业、化工、建材、冶金、纺织、电子电器等。其中，制造生产资料的行业称为重工业，制造生活资料的行业称为轻工业。重工业与轻工业生产的产品并非以物理意义上的重与轻来区分，而是以生产资料与生活资料来区分。比如纸张用于企业的包装材料，属生产资料，是重工业产品；如果最终被个人用户使用，则属生活资料，是轻工业产品。

制造业是“永远不落的太阳”，在现代文明中起着重要作用。它既占有基础地位，又处于前沿和关键地位；既古老，又年轻；它是工业的主体，是国民经济持续发展的基础；它是生产工具、生活资料、科技设备、国防装备等的依托，是现代化的动力源之一。制造业是人类创新发明和新技术的最大载体，在最能体现人类创造性的发明专利中，绝大部分都与制造业的需求有关，并应用于制造业。

从全球范围来看，制造业无疑是支撑现代社会经济最为重要的产业之一，其生产总值一般占一个国家国内生产总值的20%～55%，是创造社会财富的支柱产业，各种产业的发展均有赖于制造业的支持。机械制造业，尤其是装备制造业，对一个国家、一个民族而言，具有十分重要的作用。

制造业的发展水平反映了一个国家和地区的经济实力、科技水平和生活水准，而制造技术水平对制造业的发展有着举足轻重的影响。换言之，制造业发展水平和制造技术水平的高低是判断一个国家综合国力的重要依据。

4. 制造系统

制造系统是制造过程及其所涉及的硬件（物料、设备、工具和能源等）、软件（制造理论、制造工艺和制造信息等）和人员，共同组成的一个将制造资源转变为产品（含半成品）的有机整体，是制造业的基本组成实体。

从功能上看，制造系统是一个输入制造资源（原材料、能源等），通过制造过程输出产品或半成品以及服务的输入输出系统。

现代制造系统可看成是制造生产的运行过程，包括市场分析、产品设计、工艺规划、制造装配、检验出厂、产品销售及售后服务等各个环节的制造全过程。

二、制造是人类文明的支柱

以前，人们将材料、能源、信息称为人类文明的三大物质支柱。随着制造业在社会发展和国民经济中发挥越来越重要的作用，现在人们普遍认为人类文明应该有四大支柱，即在前述三个支柱的基础上再加上制造。形象地讲，人是从制造第一把石刀开始的。在阐述人类起源与制造的关系时，恩格斯曾说过：“直立和劳动创造了人类，而劳动是从制造工具开始的。”毛泽东在《贺新郎·读史》中写道：“人猿相揖别，只几个石头磨过，小儿时节。”在分析人类现代文明时，马克思说：“大工业必须掌握这特有的生产资料，即机器的本身，必须用机器生产机器。这样，大工业才建立起与自己相应的技术基础，才得以自立。”从这些伟人的论述中，我们不难得出这样的结论：没有制造，就没有人类；没有制造，就没有人类文明。

制造业在今后相当长一段时期内仍是经济增长的主要支柱，我们要依靠制造业为人民提供各种生活用品、工农业所需要的生产资料、服务业所需要的各种设施、基础设施所需要的各种装备、国防所需要的各种武器、科技发展所需要的各种仪器设备以及保证人民健康所需要的各种医疗仪器和药品、精神文明建设所需要的物质条件等。

第二节 现代制造技术的发展

一、制造技术的发展历程

人类的活动离不开制造，人类活动的水平受到制造水平的极大制约，人类的发展过程就是一个不断的制造过程。

1. 制造的初始阶段

人类最早的制造活动可以追溯到新石器时代。在这一时期，人们利用石器作为劳动工具，制作生活和生产用品，制造处于萌芽阶段。

到了青铜器和铁器时代，为了满足以农业为主的自然经济的需要，出现了诸如纺织、冶炼和锻造等较为原始的制造活动。

在这一时期，先后出现了两个阶段的以作坊式生产为特征的单件生产方式。第一阶段的特点是操作者按照每个用户的要求，单独制作每件产品，产品的零部件不存在互换性，产品制作依靠的是操作者娴熟的技艺。单件生产方式的第二阶段是在第二次社会大分工，即手工业与农业相分离时期，特点是专职工匠的形成，手工业者完全依靠制造谋生，制造工具的目的不是为了自己使用而是为了同他人交换。

2. 近代制造技术的发展历程

单件生产方式的第三阶段是以18世纪中叶蒸汽机的发明为标志，形成了近代制造体系。从业者在产品设计、机械加工和装配方面都有较高的技艺，大多数从学徒开始，最后成为制作整台机器的技师或作坊主。

（1）蒸汽机的发明　18世纪，以蒸汽机的发明为标志的英国工业革命，揭开了工业经济时代的序幕，开创了机器占主导地位的制造业新纪元，造就了制造业企业雏形——工场式生产。在工场式生产中，机器开始代替人从事各种工作，把人类从繁重的重复性劳动中解放出来。随着蒸汽机的大量使用，机械技术开始与蒸汽动力技术相结合，出现了以动力驱动为特征的制造方式，这造就了第一次工业革命的产生。从此，制造技术步入了一个崭新的发展阶段。

（2）内燃机的发明　19世纪末20世纪初，交通与运载工具对轻小、高效发动机的要求，是内燃机得以发明的社会动因。内燃机的发明及其宏大的市场需求，引发了制造业的又一次革命。内燃机制造技术的出现和发展，促成了现代汽车、火车和舰船的诞生。

（3）刚性自动化生产方式的出现　产业革命中诞生的能源机器（蒸汽机和内燃机）、作业机器（纺织机）和工具机器（机床），为制造活动提供了能源和技术，并开拓了新的产品市场。

人类社会对以汽车、武器弹药为代表的产品的大批量需求，促使制造向标准化、自动化的方向发展。福特（Henry Ford）、斯隆（Alfred P. Sloan）开创的零件可互换的标准化技术和大批量流水线生产模式，以及泰勒（Frederick Winslow Taylor）创立的以劳动分工和计件工资为基础的科学管理理论，导致了制造技术的分工和制造系统的功能分解，从而大幅度降低了生产成本。

在推动单件生产方式向大批量生产方式的转化中，两个美国人起了重要的作用。

泰勒首先研究了刀具寿命和切削速度的关系，继而在工厂进行实践研究，制订出了工序标准，提出了以劳动分工和计件工资制为基础的科学管理方法，从而成为制造工程学科的奠基人。

福特创造性地建立了大量生产廉价T型汽车的专用流水线（图1-2），标志着“大批量生产”制造模式的诞生。“大批量生产”制造模式又被称为“底特律式自动化”，它具有明显的降低成本、提高劳动生产率的优势，在当时的社会背景下，成功地实现这种模式，就意味着极大地提高了企业的竞争力，因此，迅速成为各国纷纷学习的先进制造模式。这一学习过程的完成，标志着人类实现了制造模式的第一次大转变，即由单件小批量生产模式转变为以标准化、通用化、集中化为主要特征的大批量生产模式，形成了社会化的大生产。这种模式推动了世界工业化进程，使世界经济得到高速发展，并为社会提供了大量的物质产品，促进了市场经济的形成，使人类的物质文明有了很大提高。

a)

b)

图1-2　世界上第一条流水生产线及生产出的福特T型车
a）1913年的福特T型车生产线　b）亨利·福特与T型车

以大批量生产方式为主要特征的制造技术，在20世纪50年代逐渐进入鼎盛时期。制造业通过降低生产成本（主要是降低劳动力成本）和提高生产效率，形成了“规模效益”的工业化生产理念。大批量生产方式作为现代工业生产的一个重要特征，对人类社会的经济发展、社会结构、文化教育以及生活方式等，产生了深刻影响。以大批量生产方式为主的机械制造业逐渐成为制造活动的主体。

传统的大批量生产模式的核心思想在于提高生产效率，因而围绕着制造的方方面面形成了配置企业内部资源和社会资源的刚性系统。

3. 现代制造技术的发展历程

随着世界经济的高速发展和人们生活水平的不断提高，世界市场环境发生了巨大变化。这一方面表现为消费者的价值观念发生了根本变化，消费需求日趋主体化、个性化和多样化；另一方面，随着交通、通信技术的发展和各国对贸易限制的减少，世界市场开始沿地域合并，生产竞争出现全球化趋势。在这种情况下，制造业面临着一个被消费者偏好分化、变化迅速且无法预测的买方市场。而传统的刚性制造系统很难重新配置，大批量生产方式难以适应市场的迅速变化和发展，不能实现制造资源的动态优化整合，这已经成为阻碍进行快速产品创新的主要矛盾。

为保证快速产品创新，实现制造业生产方式的历史性变革已刻不容缓，于是，制造业开始了新的生产模式的研究和尝试。

20 世纪 60 年代，制造企业的生产方式开始向多品种、中小批量生产方式转变。与此同时，以大规模集成电路为代表的微电子技术以及以微机为代表的计算机技术的迅速发展，极大地促进了制造业的工艺与装备技术的进步，为制造企业实现多品种、中小批量生产方式创造了有利条件。

近半个世纪以来，制造技术的发展日新月异，特别是近 30 年来，随着科学技术的迅猛发展，尤其是以计算机、信息技术为代表的高新技术的发展，使制造技术的内涵和外延发生了革命性变化。制造技术不断吸收信息、材料、能源及管理等领域的最新成果，综合应用于产品的设计、制造、检测、生产管理和售后服务等环节。在加工制造技术和制造管理技术等方面，许多新的思想和概念不断涌现，不同学科之间相互渗透、交叉融合，衍生出许多新的研究领域，迅速改变着传统制造业的面貌。

图 1-3 反映了半个世纪以来国际制造业经营战略的变迁过程。20 世纪 50 ~ 60 年代的制造企业大多崇尚“规模效益第一”，追求生产规模的扩大；20 世纪 70 年代主要追求“价格竞争第一”，注重生产成本的控制；20 世纪 80 年代重点关注“产品质量第一”；而 20 世纪 90 年代则更多地把“市场响应速度第一”视作企业生存与获益的关键因素。与国际制造业经营战略变迁相关的，是制造技术的发展。现代制造技术的发展历程如下：

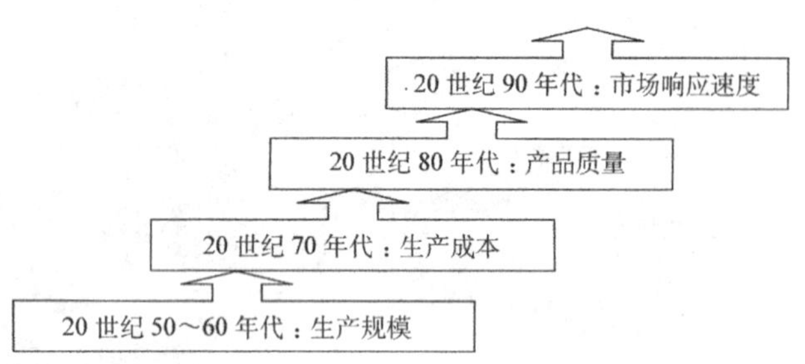

图 1-3 国际制造业经营战略的变迁

（1）柔性生产方式的产生 第二次世界大战后，市场需求多样化、个性化、高品质的趋势推动了微电子技术、计算机技术、自动化技术的飞速发展，导致了制造技术向程序控制的方向发展，柔性制造系统、计算机集成制造及精益生产等相继问世。制造技术由此进入了面向市场多样需求的柔性生产新阶段，继而引发了生产模式和管理技术的革命。

（2）微型机械、微电子技术和激光的出现 1959 年提出的微型机械设想，在信息技术、生物医学工程、航空航天、国防及诸多民用产品的市场需求推动下，得以成为现实，并仍将拥有灿烂的发展前景。

以集成电路为代表的微电子技术的广泛应用，有力地推动了微电子制造工艺水平的提高和微电子制造装备业的快速发展。

激光的发明，导致了巨大的光通信产业及激光测量、激光加工和激光表面处理工艺的发展。

（3）现代制造技术的产生 20 世纪末，信息技术的发展促成了传统制造技术与以计算机为核心的信息技术和现代管理技术的有机结合，形成了当代先进制造技术和现代制造业，从而为当今世界丰富多彩的物质文明奠定了可靠基础。由此可见，创新的动力既来自于市场需求，也源于科学发明与技术进步。技术创新不仅仅被动地满足市场的需求，它还能主动地创造新的市场、新的战略性需求。

在过去的20世纪中，制造技术两大突破性创新分别是数控加工技术和快速成形技术（又称生长型制造技术）。

21世纪的制造技术，正在向全球化、自动化、绿色化、集成化的方向发展。新世纪的制造技术，是在传统制造技术基础上融合了计算机技术、信息技术、自动控制技术、人工智能技术、新材料技术及现代管理理念，并将其综合应用于产品设计、制造过程、检测、销售以及回收的全过程，以实现优质、高效、低耗、柔性、洁净的生产目标。

二、现代制造技术的发展趋势

进入21世纪，制造业面临着新的挑战和机遇，现代制造技术正处在不断变化与完善之中。为了适应经济全球化的需要、高新技术发展的需求、愈加激烈的市场竞争的需要，现代制造技术的发展趋势必然会体现在以下几个方面：

1. 设计技术不断现代化

产品设计是制造业的灵魂，目前，产品设计技术正在不断向现代化方向发展，以实现数字化、集成化、智能化、并行化、网络化、协同化、虚拟化、微型化和绿色化（生态化），并且正逐步成为相对独立、平台共享的智力产业，正为现代制造的发展提供新的基础和支撑。

2. 加工制造技术不断发展

成形制造技术正向精密成形和净成形的方向发展，主要技术包括精密铸造技术、精密塑性成形技术和精密连接技术等。在超精密加工方面，目前的尺寸精度、形状精度和表面粗糙度均可达纳米级，进入了纳米时代。在超高速加工方面，目前的主轴转速可达150000r/min，进给速度和快速移动速度均可达120m/min，加速度可达2g（g为重力加速度）。在加工对象方面，已发展到一些较难加工的材料上。

随着激光、电子束、离子束、等离子体、微波、超声波、电磁等新能源及能源载体的引入，形成了多种崭新的特种加工及高能束切割、焊接、熔炼、锻压、热处理、表面处理等加工工艺。

超硬材料、高分子材料、复合材料、工程陶瓷、功能材料等新型材料在现代加工制造中的应用，扩展了加工对象，促成了某些新型加工技术的产生，如超塑成形、等温锻造、扩散焊接、超硬材料的高能束加工、陶瓷材料的粉浆浇注、注射成形等。

3. 柔性化程度不断提高

柔性化是制造企业对市场需求多样化的快速响应能力，即制造系统能够根据用户的需求，快速生产多样化的产品。制造系统的柔性化，正在从数控技术和柔性制造系统等底层加工系统的柔性化向上层柔性化转变。并行工程和大量定制生产模式（Mass Customization，MC）的出现，为制造系统柔性化提供了新的发展空间。特别是大量定制生产模式，可以根据每个用户的特殊需求，以大批量生产方式进行加工，实现了用户的个性化与生产规模化的有机结合。随着协作产品商务（Collaborative Product Commerce，CPC）的出现，用户可以非常方便地通过Internet（因特网），参与产品的开发设计、加工制造、营销服务等产品全生命周期活动，柔性化生产模式正在引发制造业的一场变革。

4. 集成化成为现代制造系统的重要特征

自20世纪70年代微处理器诞生以来，集成化问题一直是制造技术的研究重点。目前，制造系统集成化正在向深度和广度两个方向发展。

（1）从企业内部的信息集成、功能集成，发展为产品全生命周期的过程集成　信息集成可实现自动化孤岛的连接，实现制造系统中的信息交换与共享；功能集成可实现企业要素诸如人员、技术及管理的集成；过程集成通过并行工程等技术，实现了产品开发过程、企业经营过程的集成和优化。

（2）从传统的"工厂集成"转向"虚拟工厂"，进一步发展到企业间的动态集成　企业间的动态集成通过敏捷制造模式，建立虚拟企业（动态联盟），达到提升市场竞争力的目的。

（3）系统集成是制造业创新的重要形式　在市场需求的驱动下，人们将已获取的新知识、新技术创造性地集成起来，以系统集成的方式创造出新产品、新工艺和新技术，从而满足不断发展变化的市场需求。

未来的制造业是可持续发展的制造业，而实现制造业的可持续发展，必须依靠关键技术创新和综合集成创新，包括依靠技术、体制和管理的集成创新。

从运载火箭、波音787飞机到家用电器，从普通机床到加工中心、激光加工设备，从打印机到超级计算机等，大都是集成创新的产物。以波音飞机为例，它把空气动力学、喷气发动机、航空材料、导航、通信等最新科学技术加以集成创新，满足了航空市场对运力大且较经济的洲际交通工具的需求，实现了民用客机的技术跨越。

5. 现代制造管理模式发生重大变化

随着制造技术从传统的福特生产模式向精益生产、并行工程、敏捷制造、虚拟制造等新型生产模式转变，制造管理模式也在不断发生变革，制造管理技术的发展，其根本点将从以技术为中心向以人为中心转变。管理的价值观从注重资金、生产设备、能源和原材料等物力资本向注重教育、培训等人力资本建设转变；企业的组织架构从金字塔式的组织结构向扁平的网络结构转变，从分工严密的固定组织形式向动态的、自主管理的小组工作组织形式转变；管理的权限从传统的中央集权模式向分权管理模式转变；管理活动的时空从传统的顺序工作方式向并行工作方式转变，以强化快速响应的市场竞争策略。

6. 绿色制造已成为未来制造业的必然选择

绿色制造被认为是21世纪制造技术的必然选择和发展趋势。20世纪70年代以来，制造业等行业造成的污染，对环境的破坏达到了前所未有的程度，使得世界面临资源匮乏、生态系统失衡、环境恶化的全球性危机。绿色制造是人类社会可持续发展战略在现代制造业的具体体现。

7. 制造全球化正在加速发展

进入21世纪，随着经济全球化的迅速发展，制造全球化的趋势也日益显现。制造全球化除了跨国生产之外，还包括产品设计与开发的国际化、制造企业在全球范围内的重组与整合、制造资源的跨国采购与利用、制造技术及信息和知识的全球共享、产品制造地与销售市场的分布及协调、市场营销的国际化等。制造全球化有利于生产要素在全球范围内的快速流动，使制造企业最大规模地合理配置资源，追求最佳经济效益，已经成为21世纪制造技术发展的必然趋势。

第三节　现代制造技术的体系结构

一、现代制造技术的分类

现代制造技术是一个涉及范围非常广泛、技术领域非常繁多的复杂系统。从制造技术的功能性角度，可将现代制造技术分为五大类型。

1. 现代设计技术

现代设计技术是以产品的质量、性能、时间、成本/价格综合效益最优为目的，以计算机辅助设计技术为主体，以知识为依托，以多种科学方法及技术为手段，研究、改进、创造产品活动过程中所用到的技术群体的总称。

2. 现代加工技术

广义的现代加工技术是对各种加工方法和制造工艺规程的总称。现代制造技术的发展包含了机械制造工艺的变革与发展，因为制造工艺与加工方法是制造技术的核心和基础。随着机械制造工艺水平的提高，加工制造精度也在不断地提高。超高速加工技术的应用和不同工序的集成，大大地提高了机械加工的效率。新型材料的不断推陈出新，既扩展了加工对象，又促进了新型加工技术的出现。新的制造工艺理念的突破，诞生了快速成形等新型加工模式。

3. 制造自动化技术

制造自动化是在制造过程的所有环节均采用自动化技术后，所实现的制造全过程的自动化。制造自动化技术的任务是研究制造过程中规划、管理、组织、控制与协调优化等环节的自动化，以实现产品制造过程的优质、高效、低耗、柔性和洁净。

4. 制造管理技术

从广义上讲，制造系统是由加工对象、制造装备以及人员组织等构成的一个有机整体。其中，企业的战略决策、组织架构、人力资源、信息流、物流等的管理与控制，是一个非常重要的方面。要使制造系统高效地运作，离不开有效的管理，也就离不开制造管理技术。

5. 先进制造技术

所谓先进制造技术，是指集机械工程技术、电子技术、自动化技术、信息技术等多种技术为一体的，用于制造产品的技术、设备和系统的总称。

二、现代制造技术的特点

现代制造技术的最大特点是计算机技术、信息技术、管理等科学技术与制造科学技术的交叉融合。与传统制造技术相比，现代制造技术具有以下特点：

1. 现代制造技术的研究范围更加广泛

传统制造技术一般是指加工制造过程中所使用的工艺方法，而现代制造技术则覆盖了产品决策、设计、加工制造、销售、使用、维修和回收的产品全生命周期。

2. 现代制造技术呈多学科、多技术交叉及系统优化集成的发展态势

传统制造技术的学科单一，学科间界限分明，而现代制造技术的学科相互交叉，技术相互融合，形成了集成化的新技术。

3. 现代制造技术注重环境效益

现代制造技术的基础是优质、高效、低耗、无污染或少污染的加工工艺，在此基础上形成了新的先进加工工艺与技术，在制造过程中注重环境保护问题，以实现经济效益和社会效益的协调共赢。

4. 现代制造技术从单一目标向多元目标转变

制造系统从原来的单纯注重产品质量，发展到强调和优化制造系统的 T（Time，交货或新产品上市时间）、Q（Quality，产品质量）、C（Cost，产品成本）、S（Service，服务）、E（Environment，环保）等诸要素，以满足日益激烈的市场竞争要求。这种转变已成为制造企业赢得竞争的主要手段。

5. 现代制造技术强调信息流的重要性

在工业化社会里，制造过程被视为对生产设备输入原料或毛坯，在能量驱动作用下，使原料或毛坯的几何形状或物理化学性能发生变化，最终成为满足各种用途的产品的过程，这是一种传统的制造观。现代制造技术正在从以物质流和能源流为要素的传统制造观，向以信息流、物质流及能源流为要素的现代制造观转变，信息流在制造系统中的地位已经超过了物质流和能源流。

新技术革命使人类从工业社会进入信息社会，同时形成了一种新的制造观——信息制造观。这种观点将制造过程看成一个对制造系统注入生产信息，从而使产品获得增值的过程。

6. 现代制造技术特别强调以人为本，强调组织、技术与管理的集成

现代制造技术特别强调人的主体作用，强调人、技术与管理三者的有机结合。制造技术与生产管理相互融合、相互促进，制造技术的改进带动了管理模式的进步，而先进的管理模式又推动了制造技术的应用。

7. 现代制造技术具有鲜明的时代特征

现代制造技术是动态的技术，是针对一定的应用目标，不断吸收各种高新技术逐渐形成和发展起来的新技术，因而其内涵不是绝对的和一成不变的。在不同时期、不同的国家和地区，现代制造技术有其自身不同的特点、重点、目标和内容。

思考与练习

1. 什么叫制造？如何理解制造过程？
2. 现代社会的制造有何特点？
3. 如何理解轻工业与重工业的区别和联系？
4. 如何理解“制造是人类文明的支柱”这一说法？
5. 通过查找资料了解福特、斯隆、泰勒的基本信息和他们对制造业的影响和贡献。
6. 现代制造技术的发展趋势体现在哪几个方面？
7. 通过查找资料了解现代制造技术的发展现状。
8. 现代制造技术包含了哪些内容？有哪些特点？

第二章 现代设计技术

◆知识能力目标

1. 掌握现代设计技术的概念，了解现代设计技术的发展，了解现代设计技术的作用，了解现代设计技术的方法。

2. 掌握计算机辅助设计的概念，了解计算机辅助设计的功能，了解计算机辅助设计的发展历程及发展趋势。

3. 掌握计算机辅助工艺规程的概念，了解计算机辅助工艺规程的作用，了解计算机辅助工艺规程的分类，了解计算机辅助工艺规程的发展历程及发展趋势。

4. 掌握全生命周期设计的概念，了解全生命周期设计的特点，了解全生命周期设计的意义。

5. 掌握反求工程的概念，了解反求工程的过程，了解反求创新设计的相关内容，了解反求工程的应用。

6. 掌握虚拟设计的概念，了解虚拟设计的特点，了解虚拟样机技术的相关内容。

7. 掌握绿色设计的概念，了解绿色设计的产生背景，了解绿色设计的关键技术，了解绿色设计原则。

第一节 概 述

一、现代设计技术概述

现代设计技术是根据产品功能要求及市场竞争要素如质量、成本、服务等方面的要求，综合运用现代科学技术，通过设计开发人员科学、规范以及创造性的工作，制作出载有相应文字、数据、图形等信息的技术文件，制订出用于产品制造的设计方案的科学技术。

现代设计技术是现代制造技术的基础，是现代科技发展和全球市场竞争的产物，涉及的学科领域很多，是一门涉及多专业、多学科而且所涉及的专业和学科相互交叉融合的综合性很强的基础科学技术，是传统设计技术的继承、延伸和发展。随着以微电子技术、信息技术、材料科学、系统科学、设计与制造科学、优化理论、人机工程等为代表的新一代科学技术的迅猛发展，现代设计技术可谓是日新月异，新的设计理念不断涌现，新的设计方法不断诞生，现代设计技术的深度和广度都得到了空前的拓展，先后出现了优化设计、有限元分析方法、计算机辅助设计、计算机辅助工艺规程设计、计算机辅助装配工艺设计、计算机辅助夹具设计、反求工程、全生命周期设计、基于网络技术的异地设计、智能设计、虚拟设计、绿色设计等设计技术。

二、现代设计技术的发展

现代设计技术使产品设计开发建立在现代科学技术的基础之上。随着科学技术的发展，设计的范畴不断扩大，设计手段不断现代化。现代设计技术与传统设计技术的主要区别可以从以下几个方面来体现。设计目标由单一目标规划向多目标规划转变；设计手段由手工设计向计算机辅助设计过渡；组织方式由传统的顺序设计向并行设计发展；设计环节由简单的、具体的、细节的设计拓展为复杂的总体设计和决策，全面考虑包括产品设计、制造、检测、销售、使用、维修、报废等阶段的产品全生命周期；设计内容由单纯考虑技术因素转向综合考虑技术、经济和社会因素，现代设计不是单纯追求某项性能指标的高低，而注意综合考虑产品的市场、价格、安全、美学以及与产品相关的资源、环境等因素；现代设计已经突破了时空的限制，由传统的本地设计实现了异地网络化设计的转变；设计功能由传统的产品功能设计转向积极探求可持续发展的绿色设计之路。

经济全球化进程使世界正在变成一个统一的市场，Internet 将世界连接成一个整体，社会经济和科学技术的发展日新月异，对现代设计技术的发展产生了深刻的影响，主要体现在以下几个方面：

1. 社会需求呈多样化和个性化发展趋势

人们对产品的需求不再局限于物质功能，而是附加了其他如文化、艺术、个人体验等方面的需求。

2. 可持续发展的理念深入人心

由于对生态环境的关注，人们在生产过程和消费过程中更加注重产品与生态环境的相容性和产品对生态环境的友善性。

3. 人们对劳动的意义以及自身价值的要求不断提高

人们希望逐步摆脱生产过程中的被动地位，享受创造性工作中的乐趣。

4. 产品设计要求不断更新

随着现代科技的迅猛发展，产品的概念、结构等都发生了深刻变化，这对相应产品的设计提出了全新要求。

5. 设计手段和设计领域不断拓展

先进工艺技术和先进制造系统，为现代工程设计提供了前所未有的工艺技术手段和社会化制造体系。

三、现代设计技术的作用

现代设计技术是现代制造技术的重要组成部分，是制造技术的第一个重要环节。有关统计资料显示，产品设计成本约占产品成本的 20% 左右，却决定了产品成本的 70% ~80%，如图 2-1 所示。产品设计中潜在的问题越早得到解决，设计成本的降低与产品生产周期的缩短效果越明显。在产品质量问题中，约有一半是由于不良设计造成的，所以设计技术在制造技术中的地位是举足轻重的。

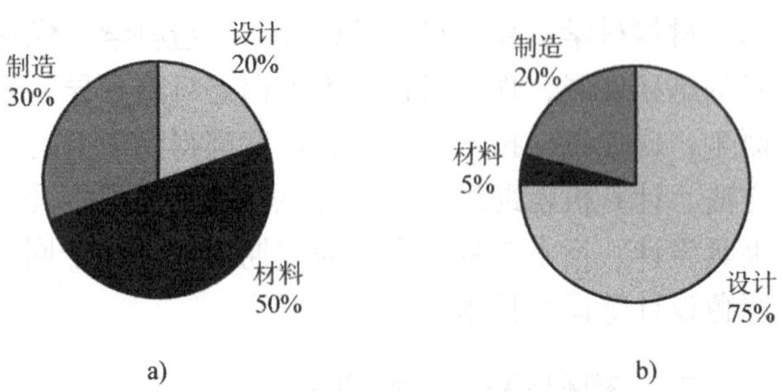

图 2-1 产品设计对产品成本的影响

a）产品成本的比重 b）对产品成本的影响

现代设计作为一个人们运用工程技术和科学方法，有目标地创造工程产品的构思和计划的过程，它的运用几乎涉及人类活动的全部领域。现代设计是现代社会工业文明的重要支柱，是工业创新的核心环节。现代设计水平的高低，往往也成为衡量一个国家和地区创新能力和竞争能力的主要因素。

四、现代设计方法

现代设计技术涉及的范围非常广泛，以下是一些近30年来发展较快的、应用比较广泛的设计方法：

1. 优化设计方法

这是一种运用数学方法和系统工程方法对产品的结构和性能进行分析、决策，以获取最优解的设计方法。近年来，优化设计与可靠性设计、模糊设计等设计方法相结合，形成了许多新的优化设计方法。

2. 有限元分析方法

这种设计方法将连续的介质（零件）看做由有限个元素组成，通过对每一个元素的求解（如位移、应力等），来获取零件整体的解答。有限元分析方法广泛应用于零件和结构的分析与计算。

3. 计算机辅助设计

这种设计方法运用计算机强大的数据计算及信息处理功能来完成设计工作。经过数十年的发展，计算机辅助设计的内涵不断拓展，成为现代设计技术领域最为重要的、应用最为广泛的设计方法。

4. 面向产品全生命周期的设计

这种设计方法将并行工程思想运用于产品设计开发活动，在设计阶段便综合考虑产品整个生命周期中的设计、加工、装配、测试、维修、销售以及报废回收等环节的影响因素，全面评价产品设计，达到缩短产品开发周期、降低产品成本、提高产品质量的目的。

5. 网络化异地设计

随着以Internet为代表的现代通信技术的迅猛发展，设计开发工作已经突破了地域限制，可以进行远程的、异地的设计，实现资源的共享与整合，极大地拓展了设计工作的时空维度。

6. 反求工程

这种设计方法以先进产品的实物或软件（程序、图样、文件资料等）作为研究对象，综合运用现代工程设计的相关理论与方法，进行解剖、分析和研究，进而开发出同类的先进产品。

7. 绿色设计

绿色设计将产品与环境看作一个系统，充分考虑产品及其制造系统的环境相容性，做到对环境的总体影响最小。这是可持续发展战略在设计领域的具体应用。

现代产品设计方法的支撑技术主要有系统工程、设计方法学、决策支持系统、计算机技术、通信技术、多媒体技术、数据库技术、人机工程学、人工智能、仿真技术、虚拟现实技术等。

第二节 计算机辅助设计

一、计算机辅助设计的概念

在设计过程中，以计算机及其外围设备作为工具，帮助工程技术人员进行工程和产品设计的一切实用技术的总和称为计算机辅助设计（Computer Aided Design，CAD）。

计算机辅助设计包含的内容很多，如概念设计、优化设计、有限元分析、计算机仿真、计算机辅助绘图、计算机辅助设计过程管理、几何建模等。其中，计算机辅助绘图是 CAD 中应用最成熟的领域，而几何建模技术是 CAD 系统的核心技术。

几何建模是从人们的想象出发，根据现实世界中的物体，利用交互的方式将物体的想象模型输入计算机后，以一定的方式将模型存储起来的过程。几何建模是分析计算的基础，也是实现计算机辅助制造的基本手段。几何建模过程如图 2-2 所示。

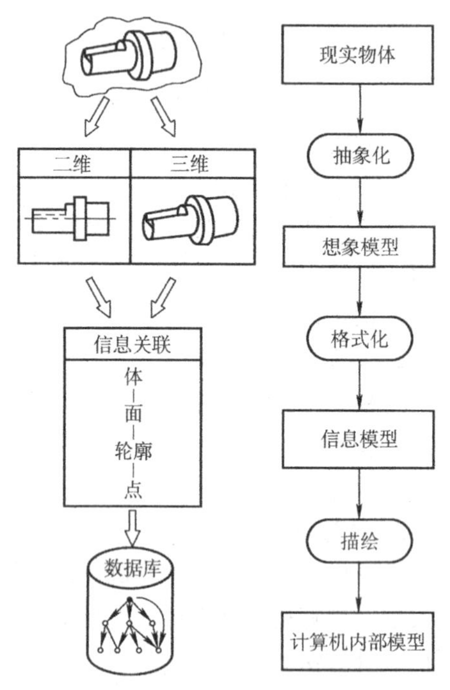

图 2-2 几何建模过程

二、计算机辅助设计的发展历程

1950 年，美国麻省理工学院（MIT）研制出了类似于示波器的图形输出设备 Whirlwind I，它可以用来显示简单的图形。1958 年，美国 Calcomp 公司研制出滚筒式绘图仪，Gerber 公司研制出平板绘图仪。

1962 年，麻省理工学院林肯实验室的 Sutherland 提出了计算机图形学、交互技术、分层存储符号的数据结构等新思想，为 CAD 技术的发展和应用打下了理论基础，许多商品化的 CAD 设备也应运而生。1970 年，美国 Applicon 公司首先推出完整的 CAD 系统。此后，世界上出现了可产生逼真图形的光栅扫描显示器、光笔、图形输入板等多种形式的图形输入输出设备，以及商品化的 CAD/CAM（CAM：计算机辅助制造）系统。

20 世纪 80 年代以来，CAD/CAM 技术从大中型企业向小型企业扩展，并从产品设计发展到工程设计。同时，图形接口、图形功能日趋标准化，出现了由 CAD/CAM/CAE（CAE：计算机辅助工程）构成的计算机集成制造系统，并大量采用了人工智能和专家系统技术，用于提高设计的自动化程度。

随着计算机技术的飞速发展，如今的 CAD 系统的性能与功能得到了大幅度提高。通过几何建模、结构强度分析、动态仿真、结构分析、系统优化、科学计算可视化和虚拟现实等环节，CAD 系统极大地支持了设计人员的设计工作，在各行各业中得到了越来越广泛的应用。

三、计算机辅助设计的功能

1. 工程与产品设计

借助于计算机辅助设计技术，工程技术人员可以方便地完成某一工程或产品的方案选型、评估、详细设计、分析优化等工作，实现从零件图、零件剖面图到装配图、总装图、平面布置图、管道布置图等图样的自动绘制，或首先通过计算机进行产品实体造型或建模，由计算机自动生成一系列加工图样和工程计算分析文档。

2. 仿真模拟

应用高性能的CAD系统，可以真实地模拟一个产品系统的实际运动及变化过程，如机构的运动、机械零件的加工、柔性制造系统的运行、汽车或飞机的行驶过程等，从而帮助设计人员正确地进行方案论证、产品选型、性能评估和产品优化。

3. 事务管理

采用CAD技术，可以实现设计文档的计算机管理，有利于产品设计的成组化、标准化和系列化，减少设计人员的重复工作量，同时可绘制各种形式的统计管理图表，有助于今后产品的工艺、生产计划和控制等工作的开展。

四、计算机辅助设计的发展趋势

当前，CAD技术已在几乎所有工程领域得到了广泛应用。随着CAD自身及其相关学科与技术不断取得进展，CAD技术正朝着集成化、网络化、可视化和智能化的方向发展。

1. CAD系统的集成化

CAD技术已经成为计算机集成制造系统的核心技术。计算机集成制造系统把设计、制造、生产和管理连成了一个整体，在生产过程中，不仅设计和制造使用计算机，而且在库存管理、生产计划、财务管理、销售等方面都使用计算机来完成，通过计算机通信、计算机控制实现信息共享和交换，各个部门协调一致，成为一个整体。

计算机集成制造系统正在成为全球制造业的研究热点和发展走向。制造企业期望通过在这一领域的投资，实现产品设计、工程分析、加工、装配、测试、管理集于一体的制造环境，从而降低成本，缩短设计和生产周期，提高劳动生产率和产品质量，提高企业的经济效益。

2. CAD系统的网络化

随着Internet/Intranet（Intranet：企业网）的发展，基于网络技术的CAD系统将继续发展。开放式系统、分布式计算环境等，使得远程资源共享成为可能，网络型CAD系统具有越来越强大的生命力。

网络型CAD系统可以全面统一地考虑各个工作站的具体配置，从而用最低的开销获得最好的效果。例如，企业可以只在个别工作站上配备某些昂贵的软、硬件资源，而其他工作站可通过网络调用，无须使每个工作站都备齐全部的资源。总之，根据需要资源的程度，企业合理配备软、硬件资源，可以使建网费用和系统功能达到最佳配比。

3. CAD系统的可视化

可视化是20世纪90年代发展起来的应用技术。它将科学计算过程中以及结束后的数据和结果，借助计算机图形学和图像处理等技术，以图形图像的形式表达出来，并进行交互处理。可视化技术的诞生反映了当今信息时代人类处理大量复杂数据的需要，反映了研究人员和工程技术人员控制、干涉计算分析过程和设计过程的需要。可视化技术与多媒体技术的结合，为有效地处理信息提供了全新的、便捷的、高效的手段。

4. CAD 系统的智能化

传统的 CAD 系统缺乏综合和选择能力，用户在使用系统时，需要具备较高的专业水平和较丰富的实践经验。为此，人们提出了人工智能专家系统。在进行计算机辅助设计时，专家系统可以把知识信息处理与一般的数值信息处理结合起来。在求解专门的问题时，专家系统通过知识的积累、存储、联想、类比、分析、计算、论证、比较、优选等信息处理过程，求得问题的解答。目前，虽然应用于产品设计的智能化 CAD 系统还不成熟，但对它的研究和开发已取得了令人瞩目的成绩。

第三节　计算机辅助工艺规程

一、计算机辅助工艺规程的概念

计算机辅助工艺规程（Computer Aided Process Planning，CAPP）是利用计算机来进行零件加工工艺的制订，把毛坯加工成工程图样上所要求的零件的现代设计技术。它是人们向计算机输入被加工零件的几何信息（形状、尺寸等）和工艺信息（材料、热处理、批量等）后，由计算机自动输出零件的工艺路线和工序内容等工艺文件的过程。CAPP 的系统构成如图 2-3 所示。

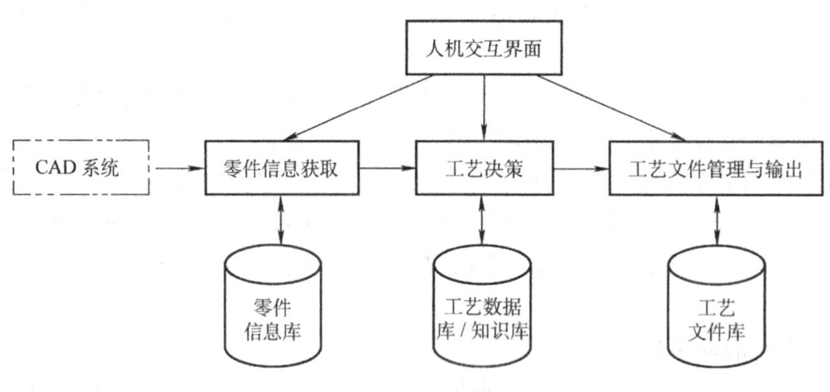

图 2-3　CAPP 的系统构成

二、计算机辅助工艺规程的发展历程

CAPP 的开发、研制是从 20 世纪 60 年代末开始的，在制造自动化领域，CAPP 是最迟发展的部分。自从 1965 年 Niebel 首次提出 CAPP 思想，迄今已有 40 多年，CAPP 领域的研究得到了极大的发展，期间经历了交互式、派生式、创成式、综合式、专家系统等不同的发展阶段，并涌现了一大批 CAPP 原型系统和商品化的 CAPP 系统。

世界上最早研究 CAPP 的国家是挪威，始于 1969 年，并于当年正式推出世界上第一个 CAPP 系统 AUTOPROS，1973 年正式推出商品化的 AUTOPROS 系统。

在 CAPP 发展史上，具有里程碑意义的是 CAM-I 于 1976 年推出的 CAM-I'S Automated Process Planning 系统，简称 CAPP 系统。目前，人们虽然对 CAPP 这个缩写还有不同解释，但把它称为计算机辅助工艺规程已经成为公认的释义。

三、计算机辅助工艺规程的作用

工艺规程是机械制造过程中一项重要的技术准备工作，是产品从设计到制造的中间环节。在常规生产中，工艺规程的设计是由工艺人员通过编制工艺文件来实现的。在工艺文件中，不仅要根据采用的加工方法确定零件的加工顺序和工序内容，还须包含机床、刀具、夹具的选择、切削用量的选择和工时定额的计算等。因此，这种传统的工艺设计方法需要大量的时间和丰富的生产实践经验，工艺设计的质量在很大程度上取决于工艺人员的专业水平，这就使工艺设计很难做到最优化和标准化。随着计算机在产品设计和制造过程中的普及和应用，使用计算机进行工艺的辅助设计已成为可能，于是 CAPP 应运而生，并且受到愈来愈广泛的重视。

CAPP 是将产品设计信息转换为加工制造信息的关键环节，是企业信息化建设中联系设计和生产的纽带，同时也可以为企业的管理部门提供相关的数据，是企业信息交换的中间环节。计算机集成制造系统的出现，使 CAPP 上与 CAD 相接，下与 CAM 相连，成为了连接设计与制造的桥梁，设计信息只有通过工艺设计才能生成制造信息，设计只有通过工艺设计才能与制造实现功能和信息的集成。由此可见，CAPP 在实现生产自动化中占有重要的地位。借助于 CAPP 系统，手工工艺设计效率低、一致性差、质量不稳定、不易达到优化等问题可以得到有效的解决。

四、计算机辅助工艺规程的分类

CAPP 系统按其工作原理可以分为五大类：交互式 CAPP 系统、派生式 CAPP 系统、创成式 CAPP 系统、综合式 CAPP 系统和 CAPP 专家系统。

1. 交互式 CAPP 系统

交互式 CAPP 系统采用人机对话的方式，基于标准工步、典型工序进行工艺设计（图 2-4）。它将一些经验性强、模糊难定的问题留给设计人员去完成，这就简化了系统的开发难度，同时使系统更灵活、方便。这种系统能充分体现人的主观能动性，可变性与可扩展性好，但系统的自动化程度不高，运行效率低，工艺规程的设计质量与人的关联性很大。

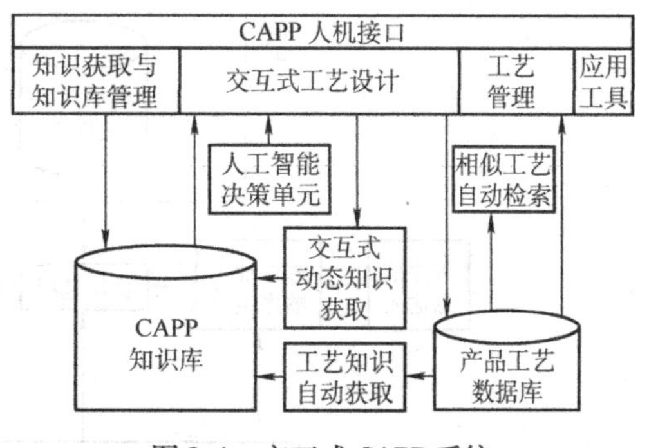

图 2-4 交互式 CAPP 系统

2. 派生式 CAPP 系统

派生式 CAPP 系统亦称变异型 CAPP 系统，它利用成组技术，将工艺设计对象按其相似性（例如，零件按其几何形状及工艺过程的相似性，部件按其结构功能和装配工艺的相似性等）分类成组（族），为每一组（族）对象设计典型工艺，并建立典型工艺库。当为具体对象设计工艺时，CAPP 系统按零件（部件或产品）信息和分类编码（即 GT 编码）检索相应的典型工艺，并根据具体对象的结构和工艺要求，修改典型工艺，直至满足实际生产需要为止，如图 2-5 所示。

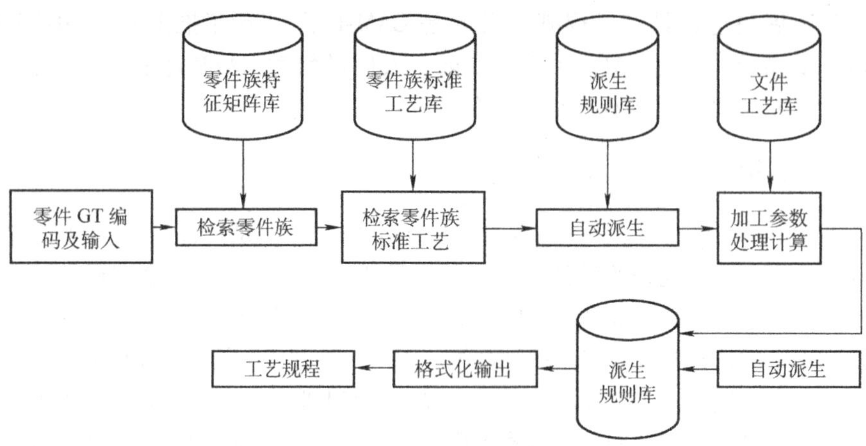

图2-5 派生式CAPP系统

派生式CAPP系统是目前比较成熟的CAPP系统，在自动化程度与可变性方面均有所实现，但它是以已有的工艺为依据，需要做大量系统开发前的准备工作，如成组（族）编码系统的设计和零件族典型工艺库的建立等。由于对新的工艺和零件类型适应性差，派生式CAPP系统尚不能适应多品种小批量的生产环境。

3. 创成式CAPP系统

创成式CAPP系统是根据工艺决策与逻辑算法进行工艺过程设计的，它从无到有自动生成具体对象的工艺规程，如图2-6所示。创成式CAPP系统进行工艺决策时不需要人工干预，因此易于保证工艺规程的一致性，理论上是一种比较理想的CAPP系统。但是，由于工艺决策具有随制造环境变化的多变性及复杂性等特点，对于结构复杂、多样的零件，实现创成式CAPP系统非常困难。目前，完全创成式的系统还处于研究阶段，在生产中使用的尚不多见。

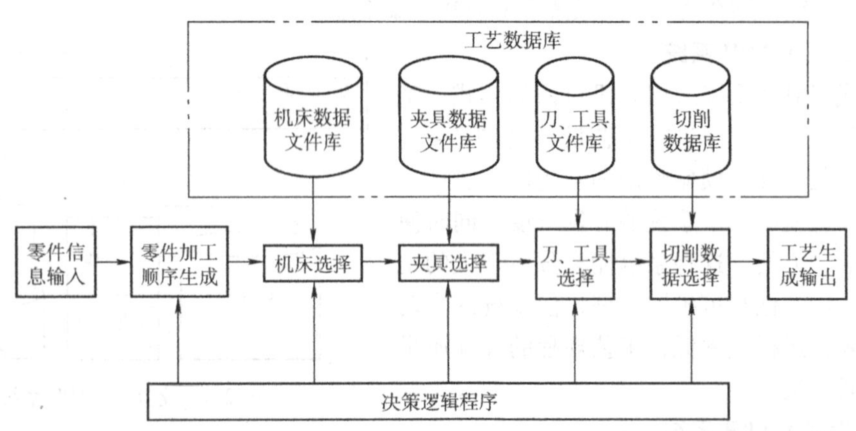

图2-6 创成式CAPP系统

4. 综合式CAPP系统

综合式CAPP系统又称半创成式，是将派生式、创成式和交互式CAPP系统的优点集为一体的系统。这种系统沿用以派生式CAPP系统为主的“检索—编辑”原理，当工艺设计对象不能归入系统已存在的零件族标准工艺库时，则转向创成式工艺规程设计，或在工艺编制时引入创成式CAPP系统的工艺决策与逻辑算法原理，如图2-7所示。这种CAPP模式应用广泛，目前国内很多CAPP系统均采用这种模式。

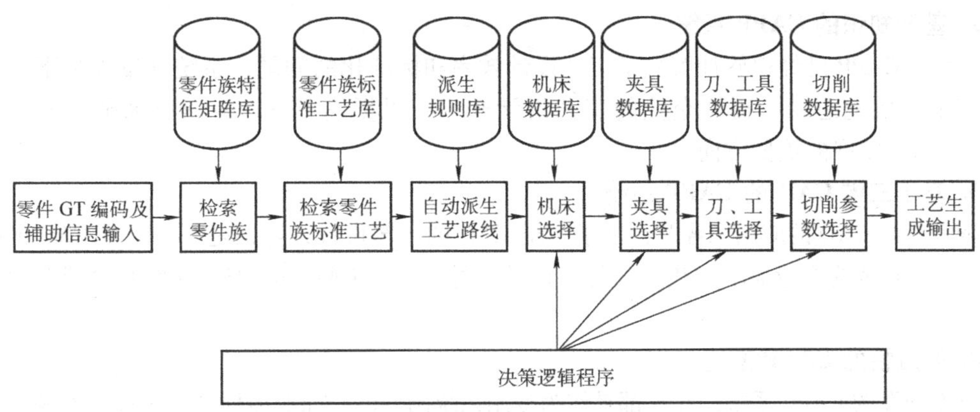

图2-7　综合式CAPP系统

5. CAPP专家系统

CAPP专家系统是一种基于人工智能技术的CAPP系统，也称智能型CAPP系统。CAPP专家系统和创成式CAPP系统都自动生成工艺规程，其中创成式CAPP系统是以工艺决策加逻辑算法为特征的，而专家系统则以知识库加推理机为特征（图2-8），原理更加完善，应用更加方便，是CAPP系统的发展方向，也是当今国内外研究的热点之一。

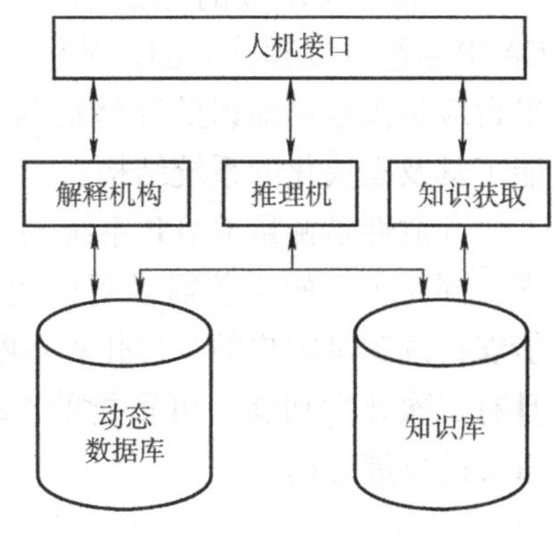

图2-8　CAPP专家系统

从国内的普遍情况看，以派生式CAPP系统为基础的CAPP系统设计方法较为适用，其主要原因是正在开展或准备推行CAPP的企业大都为几十年以上的老企业，产品种类比较固定，发展方向明确，并在多年的生产中积累了一定数量的切实可行、稳定的产品工艺。在此基础上，企业通过对产品的工艺进行整理和完善，可制订出派生式CAPP系统所需要的产品典型工艺和各工艺要素的规则知识。而一味追求创成式CAPP系统或CAPP专家系统，对企业积累的大量行之有效的工艺方案弃之不用，势必会在系统的开发技术、开发费用及开发的耗费时间等诸多方面出现极大困难，使CAPP系统难以见效、普及和推广，更难以实现CAPP系统软件的商品化。

五、计算机辅助工艺规程的发展趋势

纵观CAPP发展的历程，可以看出CAPP的研究和应用始终围绕着两方面的需要展开：一是不断完善自身在应用中出现的不足；二是不断满足新的技术、制造模式对其提出的新要求。因此，未来CAPP的发展，将在应用的范围、深度和水平等方面进行拓展，具体表现为以下的发展趋势：

1. 面向产品全生命周期的CAPP系统

CAPP的数据是产品数据的重要组成部分，CAPP与产品数据管理（Product Data Management，PDM）/产品全生命周期管理（Product Lifecycle Management，PLM）的集成是关

键。基于PDM/PLM，支持产品全生命周期的CAPP系统将是重要的发展方向。

2. 基于知识的CAPP系统

目前，CAPP已经很好地解决了工艺设计效率和标准化的问题，系统开发人员下一步的工作将是有效地总结、提炼企业的工艺设计知识，以提高CAPP的知识水平，这将会是CAPP应用和发展的重要方向。

3. 基于三维CAD的CAPP系统

随着三维CAD的应用和普及，基于三维CAD的工艺设计，特别是基于三维CAD的装配工艺设计，正成为企业需求的热点。可以预见，基于三维CAD的CAPP系统将会成为研究的热点。

4. 开放性的CAPP系统

早期开发的CAPP系统，几乎都是作为专用系统出现的。面对多样的工艺设计对象和企业环境，以及同一工厂也可能出现制造环境改变的情况，专用系统就显得缺乏必要的灵活性，而每开发一个专用型CAPP系统都要耗费大量的人力与资源。因此，CAPP工具系统（或称开发平台）就成为该领域的热点话题。图2-9是一个开发平台型的CAPP系统开发模式简图，从图中可以看出，CAPP系统的构造平台应提供数据知识的存储机制、表达形式或方法、通用的功能工具及模块化的系统结构。

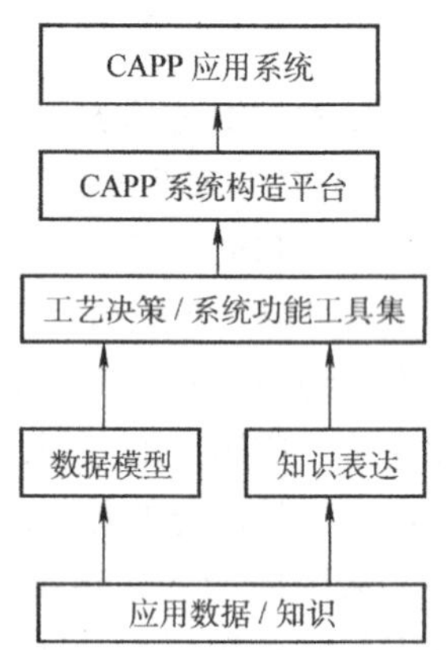

图2-9 开发平台型CAPP系统

开放性是衡量CAPP系统的一个重要因素。工艺的个性很强，同时企业的工艺需求可能也会发生变化，CAPP系统必须能够持续满足客户的个性化和不断变化的需求。基于平台技术、具有二次开发功能、可重构的CAPP系统将是CAPP系统未来重要的发展方向。

第四节 全生命周期设计

一、全生命周期设计的概念

全生命周期设计（Life Cycle Design，LCD）强调产品设计不仅仅是产品的功能与结构设计，更应该是产品的全生命周期，也就是产品的规划、设计、制造、销售、使用、维修直至报废、回收处理全过程的系统设计，如图2-10所示。全生命周期设计意味着在设计阶段就要考虑到产品生命历程的所有环节，以求产品全生命周期设计的综合优化，旨在时间、质量、成本、服务和环保方面提高企业的竞争力。

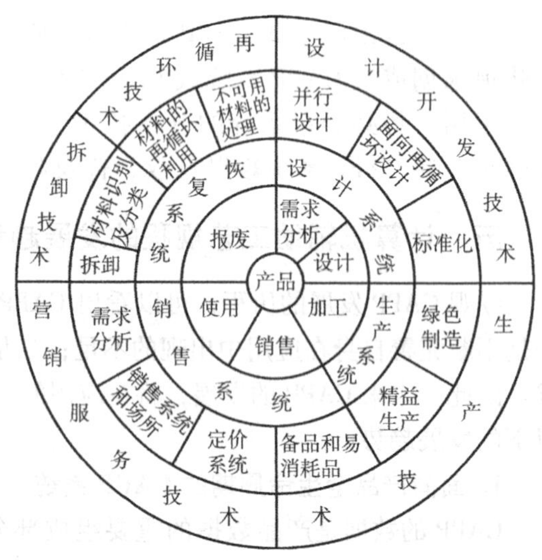

图2-10 产品全生命周期设计

二、全生命周期设计的特点

全生命周期设计是现代设计技术的重要内容，是制作高质量低成本设计方案的有效方法之一。全生命周期设计并不是设计和生产的简单交叉，它要求在进行产品设计的某一个阶段时，要全面考虑或同时进行其后的过程设计，即设计的全部阶段都必须要在生产前完成。总体上，全生命周期设计有如下特点：

1. 集成性

这是全生命周期设计最重要的特点。全生命周期设计依赖于各环节、各部门设计人员的分工协作。在产品设计活动中，各部门人员相互信任、共享信息、有效沟通，可以及早发现和解决产品全生命周期设计中遇到的各种问题。进行全生命周期设计的设计人员，不但要熟悉与自己工作相关的领域，还要了解其他设计人员的工作领域，要彼此清楚对方的设计意图。

2. 开放性

由于全生命周期设计涉及的人员结构和工作领域十分复杂，对同一个设计课题，由不同的设计人员设计，或在不同的工作领域内设计，会产生不同的设计结果，因此，若要实现设计最优化，设计方案应对全部工作人员和工作领域开放，即设计方案应当建立在开放性基础之上。

3. 前瞻性

全生命周期设计是一个集成的过程，它以并行的方式设计产品及其相关过程，力求使设计人员从一开始就自觉地考虑产品整个生命周期，即从概念设计到报废处理的各个环节和所有因素，以达到全生命周期设计最优的目的。全生命周期设计的一切活动，都是为了使制造的产品能够一次性成功，避免不必要的返工。以往的产品设计包括可加工性设计、可靠性设计和可维护性设计，而全生命周期设计不仅仅要考虑这些问题，还应考虑产品美观性、可装配性、耐用性乃至产品报废后的处理等方面的问题。

4. 分布式环境

当今，计算机已充分应用到工业设计中，每个设计人员都拥有自己的工作站或终端，这加剧了设计人员工作地点的分散性。为了保证设计工作能快速、协作完成，设计人员必须要有完善的网络环境和分布式知识库做依托，从而保证彼此之间的信息传递和资源共享。

5. 标准数据管理

全生命周期设计要求保证数据的一致性和共享性，由于是对同一种产品对象进行设计，所以产品各环节的设计人员必须要运用统一的设计模型，必须在产品数据交换标准（Standard for the exchange of product model data，STEP）的支持下，实现集成的、并行的开发工作。同时，为保证对设计模型具有统一的理解，设计人员在表达产品制造、生产设备和管理等方面的信息时，必须采用统一的知识表达方式。

三、全生命周期设计的意义

全生命周期设计改变了制造企业的结构和工作方式，不仅可以对企业的生产周期、产品质量和成本进行有效的控制，而且可以优化企业业务流程，增强企业的市场竞争力。全生命周期设计的意义主要表现在以下几个方面：

1. 缩短产品的开发时间

全生命周期设计本身就是一个并行的、优化的工作过程，因此能够缩短产品设计周期，减少再设计工作量。此外，由于在设计阶段就已经考虑了加工制造等其他环节的各项工作，制造准备工作完全可以同步进行，可极大地缩短产品的开发时间。

2. 提高产品的质量

质量不仅是产品本身的度量标准，也是产品设计、制造、营销、服务等工作系统的度量标准。全生命周期设计要求同时考虑产品的各项性能和与产品有关的各工艺过程的质量，以达到优化生产，减少产品缺陷，降低废品率及便于制造维修的目的。

3. 降低生产成本

全生命周期设计不同于传统的“反复做直到满意”的设计思想，而是强调“一次就达到目的”。全生命周期设计强调各环节的整体优化，也就是说，其强调的并不是单纯降低产品生产周期中某一部分的消耗，而是要降低产品在整个生命周期中的消耗。

全生命周期设计虽然会提高产品设计阶段的成本比例，但是在后续生产、维修过程中可大大减少产品成本，产品整体成本将会降低。当前，全生命周期设计采用的是计算机仿真技术，这种技术可以动态模拟产品及其生产过程，省却了以往“设计—样品”的反复过程，大大减少了生产消耗，降低了生产成本。

4. 增强市场竞争力

由于全生命周期设计在产品生产前就已经注意到产品的制造问题，所以产品易制造性提高、生产成本降低、产品质量较好，并能迅速推出新产品投放市场，提高了产品的市场竞争力。

目前，全生命周期设计应用已经相当广泛，不仅用于军事，也被民用产品生产所采用。就行业而言，全生命周期设计已经应用于电子、计算机、飞机和机械等行业；就产品而言，全生命周期设计的应用对象已经从简单零件发展为复杂系统；就生产批量而言，全生命周期设计的应用已从单件和小批量生产的产品发展为大批量生产的产品。

第五节　反 求 工 程

一、反求工程的概念

反求工程（Reerse Engineering，RE）又称逆向工程（Reverse Engineering），是以社会方法学为指导，以现代设计理论、方法、技术为基础，运用各种专业人员的工程设计经验、知识和创新思维，对已有的产品进行解剖、分析、重构和再创造的过程。

反求工程是一个将反求思维和移植创造原理应用于工程实践的创新过程，是为消化、吸收先进技术而使用的一系列分析方法和应用技术的组合。在工程设计领域，它具有独特的内涵，可以说是对设计的设计。反求工程强调剖析原产品时在“求”上狠下工夫，吃透原设计；而再设计时在“改”和“创”上做文章，力图在较高起点上设计出竞争力更强的创新产品。

反求工程在现阶段的基本设计思想是：分析已有的产品或设计方案，明确产品的各个组成部分并作适当分解，明确产品不同部件之间的内在联系，包括功能联系、组装联系等，然后在更高、更加抽象的设计层次上获取产品模型的表示方法，最后从功能、原理、布局等不同的需求角度，对产品模型进行修改和再设计。

目前，基于CAD/CAE系统的数字扫描技术，为实物反求工程提供了有力的支持。在进行数字化扫描、完成实物的3D重建后，通过NC（数字控制）加工就能快速地制造出模具，通过注塑得到所需的产品。反求工程的具体流程如图2-11所示。

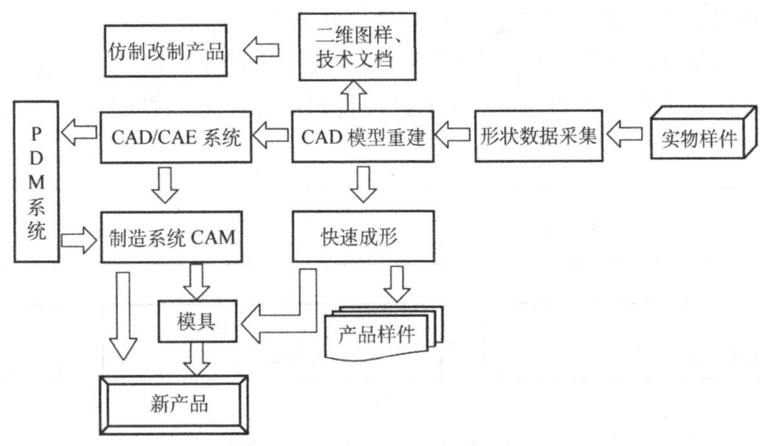

图2-11　反求工程流程图

二、反求工程的过程

基于引进技术的反求工程，一般要经历以下过程：

1. 应用过程

设计人员要在生产实践中逐步熟悉产品或设备的操作、使用与维修，使其在生产中发挥作用。然后，设计人员再结合其软件资料，进一步了解其结构、技术性能、技术特点，尤其要发现产品、设备的不足之处，做到“知其然”。

2. 消化过程

对引进产品、设备的设计原理、结构、材料、制造工艺、生产管理方法等，设计人员要进行深入研究，要应用现代的设计理论、设计方法及测试手段对其性能进行计算测定，了解其材料配方、工艺流程、技术标准、质量控制、安全保护等技术条件，特别要找出它的关键技术及不足之处产生的根源，做到“知其所以然”。

3. 创新设计过程

在第二个过程的基础上，设计人员再进行原理方案设计、技术设计等，但要结合本国国情，博采众长，有所创新，开发设计出具有本国特色的新产品，并力争达到国际先进水平，实现技术从输入到输出的转化。

从这个过程来看，基于引进技术的反求工程，主要是一个与传统设计方法相结合的创新设计过程，从这个意义上看，反求工程又可以被称为反求设计。

三、反求设计与传统设计、仿制技术

1. 反求设计与传统设计

如图2-12a所示，传统设计是通过工程技术人员的创造性劳动，将一个事先并不知道的事物变为能满足人类需求的产品。为此，工程技术人员首先要根据市场需求，提出目标和技术要求，再进行功能设计，创造新方案，在一系列的设计活动之后，得到预期的新产品。概括地说，传统设计是由未知到已知、由想象到现实的过程，回答的是“怎么做”的问题。

反求设计则是工程技术人员从已知事物的有关信息（包括实物、技术资料、照片、广告、情报等）出发，去寻求这些信息的科学性、技术性、先进性、经济性、合理性等，回溯这些信息的科学依据，并进行充分消化和吸收，更重要的是在此基础上要对已知事物进行改进、挖潜等再创造工作。图2-12b为反求设计过程示意图，回答的是“为什么要这样做”的问题。

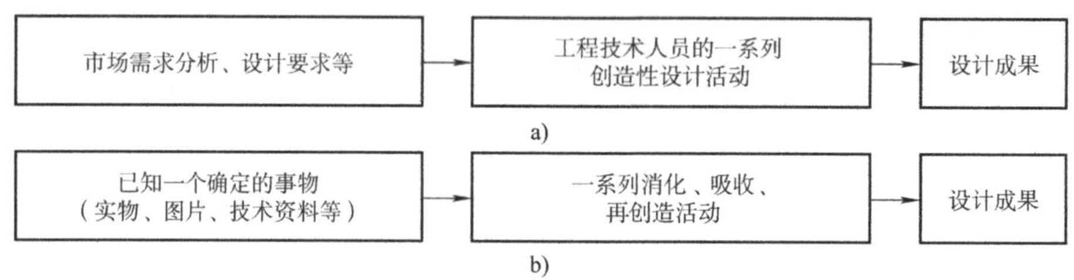

图2-12 反求设计与传统设计的比较
a）传统设计过程 b）反求设计过程

2. 反求设计与传统设计、仿制技术的区别

传统设计是一种主动的创造性活动，是将工程概念和模型转变为真实产品的过程。而反求设计则是一种高起点的、先被动后主动的创造性活动，是将真实的产品转变为工程模型和概念的过程。一个先进成熟的产品，凝结着设计者的智慧和技术，工程技术人员要在吃透、消化原设计的基础上，设计出具有更强竞争力的创新产品，别有一番难度，故反求设计并非传统设计的简单逆过程。

反求设计的发展基础是仿制技术，但近年来反求设计的内涵已有了很大发展，因此反求设计并不等同于仿制技术。仿制技术的着眼点主要放在制造出和原有实物相同的产品上，而反求设计的着眼点，主要放在对原有实物进行修改和再设计后制造出新产品上。反求设计强调工程技术人员在剖析先进产品时，要吃透原设计，找出原设计中的“绝招”、“诀窍”和关键技术，尤其要找出原设计中的缺陷，然后在再设计中突破原设计的局限，在较高的起点上，以较短的时间设计出竞争力更强的创新产品。因此反求设计避免了“侵权”的法律问题，而且满足了现代社会的实际需求。

四、反求工程的应用

随着科学技术的高速发展，一个国家充分利用现有科技成果，引进国外先进技术进行消化、吸收，在此基础上进行创新，这是其发展新技术的捷径和重要途径。技术引进在促进世界各国科技与社会的进步、生产力与经济的高速发展方面起到了很大的作用，但光引进还不行，还要对引进技术进行深入的研究、消化、吸收和创新，并在此基础上开发出新的产品，形成新的技术体系。

第二次世界大战结束后，日本在经济上落后欧美国家二三十年。为恢复和振兴经济，日本在20世纪60年代初提出了科技立国方针：一代引进，二代国产化，三代改进出口，四代占领国际市场。日本在消化、吸收引进技术的基础上，采用移植、组合、改造等方法开发出许多创新产品，其中在汽车、电子、光学设备和家电等行业最为突出。

美国人发明的晶体管技术原来仅用于军事领域，日本 SONY 公司买回晶体管专利技术后，进行反求工程研究，将其移植于民用领域，开发出晶体管半导体收音机，并占领了国际市场。

日本本田公司对世界各国 500 多种型号的摩托车进行反求工程研究，对不同技术条件下的技术特点加以分析解剖，综合其优点，研制出耗油少、噪声低、成本低、造型美的新型本田摩托车，风靡世界。

日本战后的“吸收性战略”获得了巨大的成功。1945 ~ 1970 年，日本用 60 亿美元引进先进技术，并投资 150 亿美元进行消化、吸收，取得了约 2600 项技术成果。成功的技术引进使日本节省了约 9/10 的研究费用和约 2/3 的研究时间。反求工程的大量采用为日本创造和开发各种新产品，进而实现经济的振兴，奠定了良好的基础。

第六节　虚拟设计

一、虚拟设计的概念

虚拟设计（Virtual Design，VD）是工程技术人员应用计算机技术构造一种特定的人工环境，为人们创造出一种时域和空域可变的、与现实世界相似的假想世界，使人们能够在这样一个世界里完成所需要的设计、制造和模拟试验过程，最终实现实际系统优化、节约设计制造成本、缩短设计和制造周期的目标。

虚拟设计是一种新兴的多学科交叉技术，涉及许多学科与专业技术。它是以虚拟现实技术为基础，以机械产品为对象的设计手段。这里的“虚拟”不是虚幻或者虚无，而是指物质世界的数字化，也就是对真实世界的动态模拟和再现，即虚拟现实。

二、虚拟设计的特点

1. 虚拟设计是一种绿色设计

虚拟设计系统消耗的资源和能量比较少，也不生产实际产品，产品的设计、开发与加工过程即产品的数字化过程是在计算机上实现的，所以说虚拟设计是一种绿色设计。

2. 虚拟设计大大缩短了设计时间

在传统的产品设计与制造模式下，工程技术人员首先要进行概念设计和方案论证，然后再进行产品设计。设计完成后，为了验证设计，工程技术人员通常要制造样机进行试验，有时这些试验甚至是破坏性的。当通过试验发现产品缺陷时，工程技术人员需要回头修改设计并再进行样机试验以验证设计成果。只有通过反复的“设计—试验—设计”过程，产品才能达到要求的性能。这一过程是冗长的，样机的单机制造成本也较高，对于结构复杂的产品尤其如此，产品的设计周期无法缩短，更不用谈对市场的灵活反应了。在大多数情况下，工程技术人员为了保证产品按时投放市场，往往被迫中断这一过程，这样产品在上市时便可能存在质量隐患。在产品的市场竞争中，基于样机设计验证的传统的产品设计与制造模式严重制约了产品质量的提高、成本的降低和产品的市场占有率。

虚拟设计在产品的设计开发过程中，将分散的零部件设计和分析技术融合在一起，将物理样机进行功能、性能、外观等方面的映射，在计算机上建造出产品的整体模型——虚拟样机，并针对该产品在投入使用后的各种工况进行仿真分析，预测产品的整体性能，进而改进产品设计，提高产品性能（图2-13）。

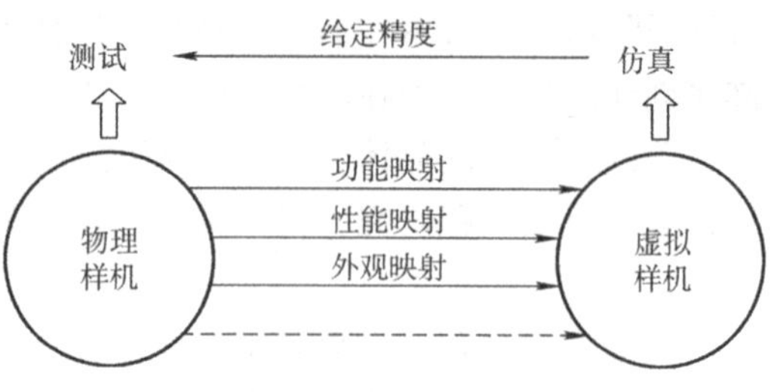

图2-13 虚拟样机与物理样机的关系

3. 有助于解决TQCSE难题

与传统的设计相比较，虚拟设计具有高度集成、快速成形、分布合作等特征。具备这些特征的虚拟设计，能够很好地解决TQCSE即时间、质量、成本、服务、环保难题。

三、虚拟样机技术

1. 虚拟样机技术的概念

1997年7月4日，美国航空航天局（NASA）的喷气推进实验室（JPL）成功实现了使火星探测器“探路号”（图2-14）在火星上软着陆的设想，成为轰动一时的新闻。但人们并不知道，如果不是采用了一项新技术，这个计划可能就会失败。在探测器发射之前，JPL的工程师们运用这项技术预测到，由于制动火箭与火星风的相互作用，探测器很可能在着陆时滚翻并最后六轮朝上。针对这个问题工程师们修改了技术方案，保证了火星登陆计划的成功。

世界上最大的工程机械制造商卡特皮勒公司的工程师们应用与JPL同样的技术进行了装载机和挖掘机的工作装置优化设计及分析（图2-15）。仅用一天时间，他们就对工作装置进行了上万个工位的运动及受力分析，很容易地实现了理想的设计。倘若采用传统方法，工程师们每天算三个工位已是很尽力了。

图2-14 火星探测器

图2-15 挖掘机的数字模型

上述两个例子中，工程师们所采用的技术为虚拟样机技术（Virtual Prototyping Technology，VPT）。虚拟样机技术又称虚拟模型技术，是一项综合了多学科的新生工程技术，是当前设计制造领域里一种新的设计方法和技术。在制造第一台实际产品之前，虚拟样机技术以机械系统运动学、多体动力学、有限元分析和控制理论为理论核心，运用成熟的计算机图形技术，将产品各零部件的设计和分析集成在一起，建立机械系统的数字模型，从而为产品的设计、研究、优化提供基于计算机虚拟现实技术的研究平台。因此，虚拟样机亦被称为数字化功能样机。虚拟样机技术的发展，可以使产品设计摆脱对物理样机的依赖，体现了一种全新的研发模式。借助这项技术，设计人员可以在计算机上建立和处理机械系统的三维可视化模型和多体力学模型，模拟现实环境下的系统运动和动力特性，并根据仿真结果细化和优化系统设计，从而为真实产品的设计和制造提供参数依据。

2. 虚拟样机技术的作用

虚拟样机技术是许多技术的综合，作为应用数学分支的数值算法为其提供了有效的快速算法，计算机可视化技术及动画技术的发展为其提供了友好的用户界面，CAD/CAE 等技术的发展为虚拟样机技术的应用提供了技术环境。

虚拟样机技术在设计的初级阶段——概念设计阶段，就可以对整个系统进行完整的分析，可以观察并试验各组成部件的相互运动情况；在设计方案论证阶段，虚拟样机技术可使用系统仿真软件在各种虚拟环境中模拟系统的运动，仿真试验不同的设计方案，可以在计算机上方便地修改设计缺陷，对整个系统不断改进，直至获得最优设计方案。

3. 虚拟样机技术的应用

目前，虚拟样机技术已被广泛应用于航空航天、汽车制造、工程机械、铁道、造船、军事装备、机械电子以及娱乐设备等领域。图 2-16 为虚拟样机技术的具体应用。数据手套（图 2-16a）可以帮助计算机测试人手的位置与指向，从而可以实时地生成手与物体接近或远离的图像。立体眼镜（图 2-16b）是一副特殊的眼镜，可以使用户左右眼看到的图像不相同，从而产生立体感觉。如图 2-16c 所示，为一种模拟作战训练系统，利用这套系统能在室

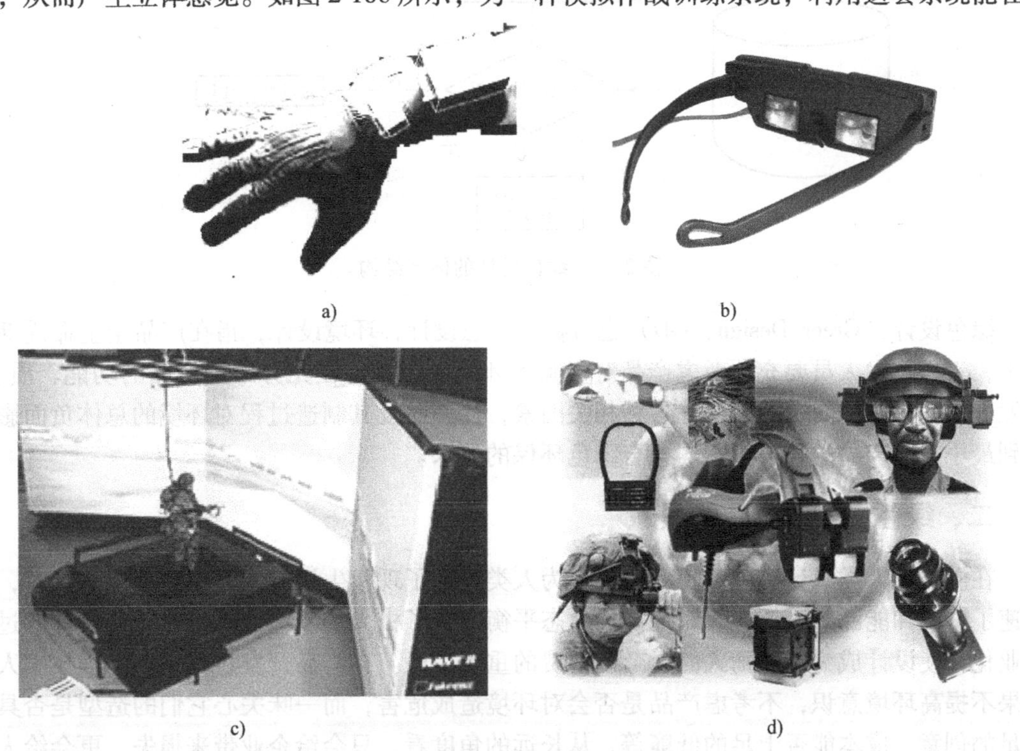

a)　b)　c)　d)

图 2-16　虚拟样机技术的应用

a）数据手套　b）立体眼镜　c）模拟作战训练系统　d）模拟作战训练装备

内模拟各种作战环境，对士兵进行模拟实战训练。如图 2-16d 所示，为模拟作战训练装备。

第七节 绿色设计

一、绿色设计的概念

传统的产品设计理论与方法以人为中心，以满足人的需求和解决问题为出发点，而忽视了产品生产及使用过程中对资源和能源的消耗和对生态环境产生的不良影响等后续问题。绿色设计就是针对传统设计的这种不足而提出的一种全新的设计理念，其体系结构如图 2-17 所示。

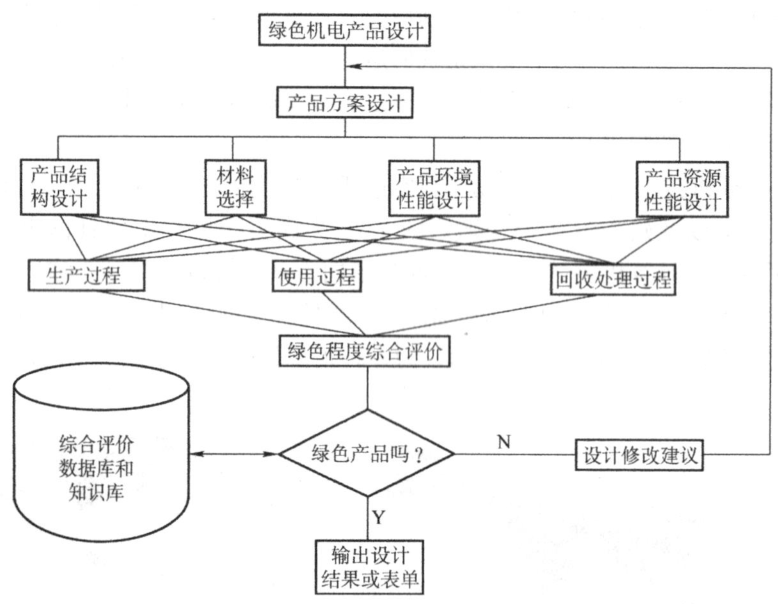

图 2-17 绿色设计的体系结构

绿色设计（Green Design，GD）也可称为生态设计，环境设计，指在产品全生命周期设计中，工程技术人员要充分考虑产品对资源和环境的影响，在充分考虑产品的功能、质量、开发周期和成本的同时，要优化各种相关因素，使产品及其制造过程对环境的总体负面影响减到最小，使产品的各项指标均符合绿色环保的要求。

二、绿色设计的产生背景

在漫长的人类设计史中，工业设计在为人类创造了现代生活方式和生活环境的同时，也加速了资源和能源的消耗，并对地球的生态平衡造成了极大的破坏。特别是工业设计的过度商业化，使设计成为了鼓励人们无节制消费的重要手段。在产品开发过程中，工程技术人员如果不提高环境意识，不考虑产品是否会对环境造成危害，而一味关心它们的造型是否具有十足的创意，成本能否十足的低廉等，从长远的角度看，只会给企业带来损失，更会给人类赖以生存的自然环境带来灾难。

绿色设计是 20 世纪 80 年代末出现的一股国际设计潮流，它的出现反映了人们对现代科技文化引发的环境及生态问题的反思，同时也体现了设计师社会责任心的回归。绿色设计着眼于人与自然的生态平衡关系，设计师在设计过程的每一个环节都充分考虑了环境效益，将环境性能作为产品的设计目标和出发点，尽量减少产品对环境的破坏。对工业设计而言，绿色设计的核心是“3R”，即Reduce（简约）、Recycle（回收）和Reuse（再利用），设计方案不仅要做到尽量减少产品的物资和能源的消耗、减少产品的有害物质排放，而且要使产品及零部件能够方便地分类回收并再生循环或重新利用。绿色设计不仅体现了设计人员在技术层面的考量，更重要的是反映了设计人员在设计观念上的变革，它要求设计师放弃那种过分强调产品在外观上标新立异的设计理念，而应将设计重点放在具有真正意义的设计创新层面，以一种更为负责的态度去创造产品的形态，用更简洁、长久的造型使产品尽可能地延长使用寿命。

对绿色设计产生直接影响的，是美国设计理论家维克多·巴巴纳克（Victor Papanek）。早在20世纪60年代末，维克多就出版了一本引起极大争议的专著《为真实世界而设计》。他认为，设计的最大作用并不是创造商业价值，也不是取得包装和风格方面的竞争优势，而是一种适当的社会变革过程中的元素。他强调设计应该认真考虑有限地球资源的使用问题，并为保护地球的环境服务。维克多的观点，当时能理解的人并不多。但是，自从20世纪70年代“能源危机”爆发后，他的“有限资源论”得到了人们普遍的认可，绿色设计也得到了越来越多人的关注和认同。

资源、环境、人口是当今人类社会面临的三大主要问题，特别是环境问题，正对人类社会的生存与发展造成严重威胁。随着全球环境的日益恶化，人们愈来愈重视环境问题的研究。近年来的研究和实践使人们认识到：环境问题绝非孤立存在的，它和资源、人口两大问题有着内在联系，特别是资源问题，它不仅涉及人类世界有限资源的合理利用问题，同时又是环境问题产生的根源。

为了寻求制造业污染环境问题的根本性解决方法，20世纪90年代，随着全球产业结构的调整和人类对世界认识的日益深化，人们在全球范围掀起了一股“绿色消费浪潮”。在这股“绿色消费浪潮”中，设计师们更多地以冷静、理性的思辨来回顾最近一个世纪工业设计的发展进程，并展望新世纪工业设计的发展方向，即不再只追求设计形式上的创新。于是，不少设计师开始从深层次上探索工业设计与人类社会可持续发展的关系，力图通过设计活动，在“人—社会—环境”之间建立一种协调发展的机制。这标志着工业设计的一次重大转变，绿色设计应运而生，成为当今工业设计的主要发展趋势之一。

三、绿色设计的关键技术

绿色产品的开发，应该从产品的绿色设计开始。绿色设计以节约资源和保护环境为宗旨，它强调保护自然生态，充分利用资源，善待环境。绿色设计不应仅仅是一个倡议或提议，它应成为设计技术发展的方向。社会可持续发展的要求预示着绿色设计必将成为21世纪工业设计的热点之一。

绿色设计包括：绿色材料选择设计、绿色制造过程设计、产品可回收性设计、产品可拆卸性设计、绿色包装设计、绿色物流设计、绿色服务设计、绿色回收利用设计等。在绿色设计中，设计师要全面考虑产品材料的选择、生产和加工流程的确定、产品包装材料的选定、产品运输等环节对资源的消耗和对环境的影响，寻求和采用最优的产品设计方案，使产品对资源的消耗和对环境的负面影响降到最低。绿色设计的关键技术如下：

1. 面向材料的设计技术

传统的产品设计中，在材料选用上设计师较少考虑对环境的影响，主要表现为：所用材料种类繁多，较少考虑材料加工过程对环境的影响，较少考虑所用材料报废后的回收处理问题，较少考虑所用材料本身的环保问题等。

面向材料的设计技术是以材料为对象，在设计方案满足产品功能要求和全生命周期设计要求的基础上，以材料对环境的影响程度和有效利用程度作为衡量指标，使选用的产品材料对环境污染最小和能源消耗最少的绿色设计技术。

2. 面向能源的设计技术

面向能源的设计技术是指采用对环境影响最小和资源消耗最少的能源供给方式，来支持产品的整个生命周期运转，并以最小的代价实现能源的可靠回收和重新利用的设计技术。这种设计技术可以全面指导、优化产品设计过程。

3. 面向拆卸的设计技术

面向拆卸的设计技术就是在设计过程中，将可拆卸性作为产品的设计目标之一，使产品的结构不仅便于制造，而且便于装配、拆卸、维修及回收。可拆卸性必须根据工程技术人员在产品设计、使用、回收等过程中积累的经验，来制订设计准则，从而对设计进行指导。

4. 面向回收的设计技术

面向回收的设计技术也称为回收设计，是在进行产品设计时，充分考虑产品零部件及材料的可回收性、回收价值的大小、回收处理的方法、回收处理的工艺等一系列与回收有关的问题，以使零部件及材料和能源得到充分利用、产品对环境污染最小的一种设计技术。

面向回收设计技术的主要内容，包括产品零部件的回收性能分析、可回收材料的编码、可回收工艺及方法、回收的经济性分析、可回收产品结构工艺性规划等。

四、绿色设计原则

1. 生态环境友善

产品在制造和使用过程中应对人体无危害，对生态环境无影响。

2. 节约资源

产品在制造和使用过程中节料，节能，节约人力资源，尽可能利用可再生资源包括太阳能、可再生生物资源和信息资源等。

3. 延长产品使用寿命

设计师在进行产品设计时，要尽量延长产品的使用寿命，并应设计可更新产品，对易损零部件要采用可更换结构。

4. 可回收性

设计师在进行产品设计时，要尽可能减少用材种类；尽可能选用可回收、可分解材料，以利报废分类回收；尽可能提高产品部件的可更新率；尽可能提高材料的可回收率、可重用率等。

思考与练习

1. 现代设计技术在现代制造技术中有何意义？

2. 现代设计技术的方法主要有哪些？

3. 什么叫计算机辅助设计？Auto CAD 作为一种常用的计算机辅助设计软件，就你所知，有哪些辅助设计功能？

4. 什么叫计算机辅助工艺规程？其发展趋势如何？

5. 什么叫全生命周期设计？全生命周期设计有何意义？

6. 什么叫反求工程？反求工程包含了哪几个过程？

7. 反求工程与仿制技术有何区别？

8. 什么叫虚拟设计？虚拟设计与传统的设计方法相比有何优点？

9. 通过查找资料了解虚拟样机技术的最新内容。

10. 什么叫绿色设计？绿色设计有哪些关键技术？

第三章　现代加工制造技术

◆知识能力目标

1. 掌握现代加工技术的种类，了解现代加工技术的特点，了解现代加工技术的发展趋势。

2. 掌握制造自动化技术的概念及内容，了解制造自动化技术的发展历程及发展趋势。

3. 掌握先进制造技术的概念，了解先进制造技术提出的背景，了解先进制造技术的特点。

4. 了解高速加工理论，掌握超高速加工技术的概念，了解高速加工、超高速加工的发展历程，了解超高速加工技术的特点，了解超高速加工的关键技术。

5. 掌握超精密加工技术的概念，了解超精密加工技术的现状及发展趋势，了解超精密加工技术的应用。

6. 掌握微细加工技术的概念，了解微细加工技术的特点，了解微细加工技术的分类及常用的微细加工技术，了解微型机械加工技术的相关内容，了解微细加工技术的发展趋势。

7. 掌握快速成形的概念，了解快速成形技术的历史，掌握快速成形技术的原理及特点，了解快速成形过程，了解快速成形技术的应用。

8. 掌握各种快速成形技术的概念，了解各种快速成形技术的工作原理，了解各种快速成形技术的特点。

9. 掌握数控技术的概念，了解数控技术的发展历程，了解数控加工的特点，了解数控机床的分类，了解数控加工编程的相关内容。

10. 掌握柔性制造系统的概念，了解柔性制造系统的产生和发展，了解柔性制造系统的组成及功能，了解柔性制造系统的特点。

11. 掌握计算机集成制造、计算机集成制造系统的概念，了解计算机集成制造系统的内容，了解计算机集成制造系统的特点，了解计算机集成制造系统的发展趋势。

12. 掌握绿色制造的概念，了解绿色制造的产生背景及发展趋势。

13. 掌握智能制造、智能制造技术、智能制造系统的概念，了解智能制造的产生背景，了解智能制造系统的组成、目标及特征。

14. 掌握特种加工的概念，了解特种加工的发展历程及发展趋势，了解特种加工的特点及应用。

15. 掌握各种特种加工的概念，了解各种特种加工的工作原理，了解各种特种加工的特点及应用。

16. 掌握再制造工程的概念，了解再制造工程的现状，了解再制造工程的特点。

从制造技术的功能性角度，现代制造技术可分为现代设计技术、现代加工技术、制造自动化技术、制造管理技术、先进制造技术五大类型。随着科学技术及现代制造技术的发展，以上各类型间的界限渐趋模糊，并呈现交叉融合的趋势。鉴于此，本书将现代加工技术、制造自动化技术、先进制造技术三个方面的内容整合在一起，合称为现代加工制造技术。本章将重点介绍其中应用较广、比较典型的技术。

第一节　概　　述

一、现代加工技术

1. 现代加工技术的种类

在机械制造领域，现代加工技术的内容主要涉及先进的切削加工技术、成形加工技术、变形加工技术、联接加工技术、材料性能调整技术、特种加工技术等，如图3-1所示。

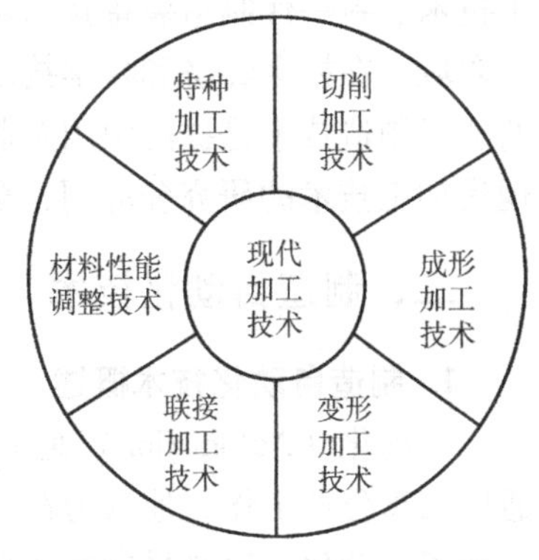

图3-1　现代加工技术的种类

切削加工是利用切削工具从工件上切除多余材料，使其成为具有一定形状、尺寸精度和表面质量要求的合格零件的加工方法。由于具有生产率高、加工成本低、能量消耗少、便于加工各种形状等优点，切削加工一直是工件精加工和最后成形加工的最重要手段。成形加工技术主要指将不定形的（块状、颗粒状、液态等）原材料转化为所需形状零件的加工工艺，如铸造、粉末冶金、塑料成型等。变形加工技术是使工件从一种几何形状转变为另一种几何形状的加工技术，如锻造、钣金、轧制、挤压、拉拔等。联接加工技术主要指将两个或多个工件联接成组件或最终产品的加工技术，如机械联接、焊接、粘接和装配等。材料性能调整技术指在不改变工件的几何形状的前提下，仅仅改变其材料性能的加工技术，如热处理技术和其他表面处理技术等。特种加工技术主要利用化学、电化学以及物理（声、光、热、磁）等方法对材料进行加工，一般用于具有特殊物理、力学性能的材料和精密细小、形状复杂工件的加工，或者用于难以采用传统加工技术进行加工的场合。

2. 现代加工技术的特点

（1）加工精度高　随着机械制造工艺水平的提高，加工精度也在不断提高。目前，机械加工的尺寸精度、形状精度和表面粗糙度均已达到纳米级。

（2）加工效率高　超高速加工技术的应用，以及工序、粗精加工的综合与集成，极大地提高了加工效率。

（3）可加工的材料范围广　新型加工技术对传统加工技术的突破，以及超硬材料、超塑材料、高分子材料、复合材料、工程陶瓷、非晶微晶合金、功能材料等新型材料在制造过程中的广泛应用，使得现代加工技术拓展加工对象成为可能和必须，利用现代加工技术人们可加工的材料范围，变得日益广泛了。

（4）加工设备先进　现代加工设备普遍采用计算机控制技术，自动化程度高。同时，现代加工设备普遍采用计算机辅助设计和制造技术，有利于在生产中制造出形状复杂的零部件。与传统加工设备相比，现代加工设备还具有柔性好的优点。

（5）切削加工的低能耗及干式切削　随着切削加工技术水平的提高，在进行切削加工时，切削力可减小到原来的1/3左右，这可使切削加工时的能量损耗大大降低。同时，由于切削时95%以上的切削热被切屑带走，所以在进行一般切削加工时，可不用切削液，直接使用干式切削方式进行加工。

3. 现代加工技术的发展趋势

随着社会经济和科学技术的不断发展，新材料、新能源、新设计、新产品不断出现，人们对物质产品的需求更加多样化，这些都对机械制造业提出了更多、更高的要求。从总体发展趋势看，优质、高效、低耗、柔性、洁净既是机械制造业的追求目标，也是现代加工技术的发展目标。

进入21世纪，先进的超精密加工技术、特种加工技术、超高速加工技术、微型机械加工技术、新一代制造装备技术及虚拟制造技术等，将成为现代加工技术的主要发展方向和重要领域。在社会经济和科学技术不断发展的同时，经济全球化程度正在不断提高，拥有先进的加工制造技术是提高中国企业国际市场竞争力最基本、最重要的条件之一，我们必须重视现代加工技术的研究和应用，全面提升我国机械制造业的制造工艺水平。

二、制造自动化技术

1. 制造自动化技术概述

自动化（Automation）是美国人D. S. Harder于1936年提出的。当时，D. S. Harder正在通用汽车公司工作，他认为在生产过程中，机械零部件在不同机器间转移时不用人工搬运就实现了自动化。这是早期制造自动化的概念。

制造自动化的概念经历了一个动态的发展过程。过去，按D. S. Harder的描述，人们对自动化的理解或者说对自动化功能的期待，只是以机械的动作代替人力操作，自动地完成特定工作。这实质上是认为自动化就是用机械代替人的体力劳动。后来，随着电子和信息技术的发展，特别是随着计算机的出现和广泛应用，自动化的含义扩展为了：用机器（包括计算机）不仅代替人的体力劳动，而且还代替或辅助人的脑力劳动，以自动地完成特定的工作。

与制造自动化概念的发展相类似，制造自动化技术也经历了一个长期的发展过程，其从早期的刚性自动化、数控加工等阶段，发展到了目前的柔性制造、计算机集成制造等阶段。其中最重要的技术，为数控加工技术、工业机器人技术、柔性制造技术和计算机集成制造技术等。

制造自动化技术是现代制造技术的重要组成部分，也是人类在长期的生产活动中不断追求的目标。制造自动化技术是当今制造科学与制造工程领域中涉及面相当广泛、研究十分活跃的领域。

2. 制造自动化技术的内涵

制造自动化技术的内涵十分丰富，可以从其形式、功能和范围等各方面进行分析。

（1）形式方面

1）应用制造自动化技术，可以通过制造系统代替人的体力劳动。

2）应用制造自动化技术，可以通过制造系统代替或辅助人的脑力劳动。

3）应用制造自动化技术，可以实现制造系统中人、机器及整个系统的协调、易于管理、方便控制和功能优化。

（2）功能方面

制造自动化技术的功能目标是多方面的，通常可用 TQCSE 功能目标模型来描述。

1）T（Time）功能目标指采用自动化技术以提高市场响应能力，缩短产品生产周期。

2）Q（Quality）功能目标指采用自动化技术以提高产品质量。

3）C（Cost）功能目标指采用自动化技术以有效地降低制造成本。

4）S（Service）功能目标指利用自动化技术以做好客户服务工作，或减轻制造人员的体力和脑力劳动，以直接为制造人员服务。

5）E（Environment）功能目标的含义是制造自动化技术应该充分利用资源，减少废弃物的排放，以消除环境污染，实现绿色制造及可持续发展战略。

（3）范围方面　制造自动化技术不仅仅涉及具体生产加工过程，而且涉及产品全生命周期中的所有阶段。

1）产品研发自动化：主要有 CAD/CAPP/CAM 一体化技术、并行工程、虚拟技术及快速成形制造技术等。

2）生产过程自动化：主要有数控加工技术、工业机器人、柔性制造技术、计算机集成制造技术等。

3. 制造自动化技术的发展历程

制造自动化技术的发展与制造技术的发展是密切相关的。制造自动化技术的发展过程可以通过图 3-2 来加以说明，图中反映出制造自动化技术发展的 5 个阶段。

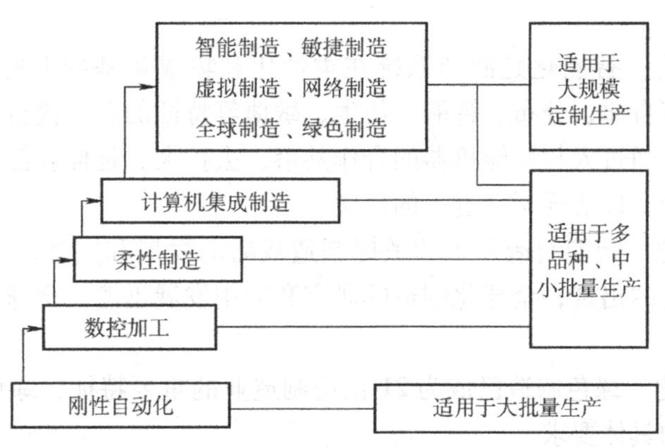

图 3-2　制造自动化的发展阶段

（1）刚性自动化技术阶段　刚性自动化技术在 20 世纪 40 ~ 50 年代已相当成熟，其应用传统的机械设计与制造工艺，采用专用机床和组合机床、自动单机或刚性自动化生产线进行大批量生产。刚性自动化技术具有生产效率高的优势，但难以适应生产产品的改变。

（2）数控加工技术阶段　数控加工技术包括数控（NC）技术和计算机数控（CNC）技术。数控加工设备包括数控机床、加工中心等。数控加工技术的特点是柔性好、加工质量高，适用于多品种、中小批量（包括单件产品）的生产。

(3) 柔性制造技术阶段　柔性制造技术强调制造过程的柔性和高效率，适用于多品种、中小批量的生产。柔性制造技术涉及的主要技术包括成组技术、计算机直接数控和分布式数控技术、柔性制造单元、柔性制造系统、仿真技术、制造过程监控技术及计算机通信网络技术等。

(4) 计算机集成制造技术阶段　计算机集成制造技术强调制造全过程的系统性和集成性，以解决现代企业生存与竞争的 TQCSE 问题。计算机集成制造技术涉及的技术非常广泛，包括现代制造技术、管理技术、计算机技术、信息技术、自动化技术和系统工程技术等。

(5) 先进制造技术阶段　为适应社会发展的需要，这一阶段诞生了许多全新的制造模式，如智能制造、敏捷制造、虚拟制造、绿色制造等。

4. 制造自动化技术的发展趋势

(1) 制造敏捷化　指产品制造的整个过程要具备敏捷性和主动的综合应变能力。

(2) 制造网络化　制造的网络化，特别是基于 Internet/Intranet 的制造已成为制造自动化技术重要的发展趋势，主要包括以下几个方面：制造环境内部的网络化，可以实现制造过程的集成；制造环境与整个制造企业的网络化，可以实现制造环境与企业中工程设计、管理信息系统等各子系统的集成；企业与企业间的网络化，可以实现企业间的资源共享、组合与优化利用；通过制造网络化，企业还可以实现异地制造。

(3) 制造虚拟化　基于数字化的虚拟化技术主要包括虚拟现实技术、虚拟产品开发技术、虚拟制造技术和虚拟企业等。制造虚拟化指将现实制造环境及其制造过程，通过建立系统模型，映射到计算机及其相关技术所支撑的虚拟环境中，在虚拟环境下模拟现实制造环境及其制造过程的一切活动和产品制造全过程，并对产品制造及制造系统的行为进行分析和评价。

(4) 制造智能化　智能化是制造系统在柔性化和集成化基础上的进一步发展和延伸，其研究的重点是具有自律、分布、智能、仿生、敏捷等特征的新一代自动化制造系统。智能制造技术的宗旨在于通过人与智能机器的合作共事，去扩大、延伸和部分取代人类专家在制造过程中的脑力劳动，以实现制造过程的优化。

(5) 制造全球化　智能制造系统和敏捷制造战略的发展和实施，促进了制造业的全球化。随着经济全球化的出现，全球化制造的研究和应用发展迅速，全球化制造的体系结构正在逐步形成。

(6) 制造绿色化　绿色制造已成为 21 世纪制造业的重要特征，绿色制造已成为可持续发展战略对制造业的具体要求。

三、先进制造技术

1. 先进制造技术的内涵

为了迎接知识经济时代的到来，应对经济全球化的挑战，人们开始在制造业中广泛应用以信息技术为代表的高新技术。美国、日本及欧洲国家对先进制造技术进行了大量研究，提出了许多制造技术新概念、新思想和新模式，先后创造了计算机集成制造系统、并行工程、精益生产、敏捷制造、虚拟制造、绿色制造等先进的制造技术。人们通常将这些制造技术和制造模式称为先进制造技术（Advanced Manufacturing Technology，AMT）。

从广义上讲，先进制造技术包括以下几个方面的内容：

1）计算机辅助产品开发与设计，包括计算机辅助设计、计算机辅助工程（Computer Aided Engineering，CAE）、计算机辅助工艺过程设计、并行工程等。

2）计算机辅助制造与各种计算机集成制造系统，如计算机辅助制造（Computer Aided Manufacturing，CAM）、计算机辅助检测（Computer Aided Inspection，CAI）、计算机集成制造系统、数控技术、直接数控技术、柔性制造系统、成组技术、即时生产、精益生产、敏捷制造、虚拟制造、绿色制造等。

3）利用计算机进行的生产任务和各种制造资源合理组织与调配的各种管理技术，如管理信息系统（Management Information System，MIS）、物料需求规划、制造资源规划、企业资源计划、工业工程（Industrial Engineering，IE）、办公自动化（Office Automation，OA）、条形码技术（Bar Code Technology，BCT）、产品数据管理、产品全生命周期管理、全面质量管理、电子商务、客户关系管理（Customer Relationship Management，CRM）、供应链管理（Supply Chain Management，SCM）等。

从狭义上讲，先进制造技术指各种计算机辅助制造设备和计算机集成制造系统。如果说机械化代替了人的四肢和体力，那么以计算机辅助制造技术和信息技术为中心的先进制造技术，则在某种程度上代替了人的大脑来进行有效地思维与判断，它引发了制造业一场新的技术变革。

先进制造技术是一门综合性、交叉性前沿技术，其学科跨度大，内容广泛，涉及制造、经营管理、产品设计、市场营销等许多领域。先进制造技术是在传统制造技术的基础上，利用计算机技术、网络技术、控制技术、传感技术与机光电一体化技术等技术的最新进展，经过不断发展完善而形成的新兴技术。

2. 先进制造技术提出的背景

先进制造技术是美国为了应对来自世界各国，特别是亚洲国家制造业的挑战，同时也为了增强本国制造业的竞争力，夺回本国制造业的优势，促进国家经济的发展，于20世纪80年代末期提出来的。

20世纪70年代，美国的一批学者不断鼓吹美国已进入“后工业化社会”，强调制造业是“夕阳工业”，认为美国应将经济重心由制造业转向纯高科技产业及服务业等第三产业。当时，许多学者只重视理论成果，不重视实际应用，造成所谓“美国发明，日本发财”，市场被日本占领的局面；再加上美国政府长期对产业技术不予支持的态度，使美国制造业产生衰退，产品的市场竞争力下降，贸易逆差剧增。许多以前美国占绝对优势的产品，都在竞争中败给了日本产品。日本产品占领了美国市场，而美国产品在日本的高质量、高科技产品及其他亚洲和拉美国家廉价产品的夹击下，生存空间不断萎缩。这种情况引起了美国学术界、企业界和政治界人士的普遍重视，纷纷要求美国政府出面组织、协调和支持产业技术的发展，以重振美国经济。

20世纪80年代，美国政府开始认识到问题的严重性，白宫的一份报告称“美国经济衰退已威胁到国家安全”。为了扭转局面，美国政府和企业界花费了数百万美元，组织了大量专家、学者进行调查研究。调查研究的结果使大家认识到：经济的竞争归根到底是制造技术和制造能力的竞争。

观念转变后，美国政府立即采取了一系列的措施。1988年，美国政府投资并开展了大规模的“21 世纪制造企业战略”研究，并于其后不久提出了“先进制造技术”发展目标，制定并实施了“先进制造技术计划”和“制造技术中心计划”。1991 年，白宫科学技术政策办公室发表了“美国国家关键技术”报告，重新确立了制造业的地位。1993 年，克林顿在硅谷发表了题为“促进美国经济增长的技术——增强经济实力的新方向”的演说，对制造业给予了实质性的强有力的支持。

美国在实施“先进制造技术计划”和“制造技术中心计划”两项计划后，取得了显著成果。1994 年，美国汽车产量重新超过日本，重新占领欧、美市场。20 世纪 90 年代，美国国民经济持续增长，社会失业率降低到历史最低水平，这在很大程度上得益于先进制造技术的发展。

在美国发展先进制造技术的同时，日本、澳大利亚以及欧洲的一些工业发达国家，也相继开展了先进制造技术的理论和应用研究，把先进制造技术的研究和发展推向了高潮。

1995 年，我国在联合国开发计划署和国家外专局的支持下，由原机械工业部等五家单位联合召开了“先进制造技术发展战略研讨会”，拉开了先进制造技术发展的序幕。

3. 先进制造技术的特点

（1）先进制造技术不是一成不变的，而是一个动态发展的技术　先进制造技术不断吸收各种高新技术成果，将其渗透到产品的设计、制造、生产管理及市场营销等产品生产全过程，以实现优质、高效、低耗、柔性、洁净的生产目标。

（2）先进制造技术是面向新世纪的技术系统　先进制造技术的应用目的很明确，即提高制造业的综合效益（包括经济效益、社会效益和环境生态效益），以赢得激烈的国际市场竞争，从这个角度，我们可以把先进制造技术看成是面向新世纪，面向未来的技术系统。

（3）先进制造技术并不摒弃传统制造技术　先进制造技术并不摒弃和排斥传统制造技术，而是应用科技新手段去研究传统制造技术，并运用科技新成果去改造和充实传统制造技术，例如利用先进制造技术研究传统工艺的成形原理，建立数学模型，利用优化设计技术进行传统工艺方法的优化等。

（4）先进制造技术的应用并不限于制造过程本身　先进制造技术的应用涉及产品的市场调研、产品设计、工艺设计、加工制造、售前售后服务等产品全生命周期的所有内容，并将它们结合成一个有机的整体，因此，先进制造技术的应用并不限于制造过程本身。

（5）先进制造技术吸收了最新的技术成果　先进制造技术特别强调计算机技术、信息技术和现代制造管理技术在产品设计制造和生产组织管理等方面的应用。

（6）先进制造技术注重人的主体作用和可持续发展　先进制造技术特别注重人的主体作用，注重人、技术、管理三者的有机结合。先进制造技术还特别注重环境保护，既要求其生产的产品是“绿色产品”，又要求产品的生产过程是环保型的。通过低消耗及绿色制造技术的应用，先进制造技术可实现制造业的可持续发展。

（7）先进制造技术的集成性　先进制造技术不是一项具体技术，它利用系统工程技术将各种相关技术集成为一个有机整体，体现出多学科的渗透、交叉、融合。

（8）先进制造技术的跨学科性　先进制造技术强调各专业学科之间的相互渗透、融合，并要最终达到消除它们之间界限的目标。

第二节　超高速加工技术

用提高切削速度的办法来提高生产率，是机械加工行业一直努力的方向，同时也是超高速加工技术得以诞生并不断发展的原因。当前，机械制造业为实现高生产率，追求最大利润，已将现代加工制造技术应用得越来越广泛和深入。超高速加工技术作为现代加工制造技术的重要组成部分，也已被积极地推广使用。工业发达国家对超高速加工技术的研究起步早，超高速加工技术的水平也较高。目前，超高速加工技术水平处于领先地位的国家主要是德国、日本、美国和意大利。

一、高速加工理论

1931 年 4 月，德国物理学家 Carl. J. Salomon 博士提出了著名的高速加工理论。高速加工理论的内容可用 Salomon 曲线来描述，如图 3-3 所示。在 A 区（常规切削区），切削温度 t 随切削速度 v 的增大而升高；在 B 区（不可用切削区），在切削速度 v 没有达到 v_0 时，切削温度 t 随切削速度 v 的增大而升高，但是，当切削速度 v 增大到某一数值 v_0（v_0的大小与工件材料的种类有关）后继续增大时，切削温度 t 反而下降了。由于 B 区的切削温度太高，当时条件下的任何刀具材料都无法承受，切削加工不可能进行，因此，这个区域又被称为“死谷”。在 C 区（高速切削区），随着切削速度 v 的提高，切削温度 t 继续下降。虽然当时由于实验条件的限制，Carl. J. Salomon 无法对这一理论进行实验验证，但这个理论给后人一个非常重要的启示，即如能越过“死谷”，在高速切削区工作，由于高速切削时的切削温度与常规切削基本相同，人们有可能只用现有刀具材料就可以进行高速切削，从而可大幅度提高生产效率。近年来，高强度、高熔点刀具材料（如陶瓷、立方氮化硼和金刚石）的开发应用，使刀具切削速度提高到了原来的 100 倍以上，高速切削已经成为现实。

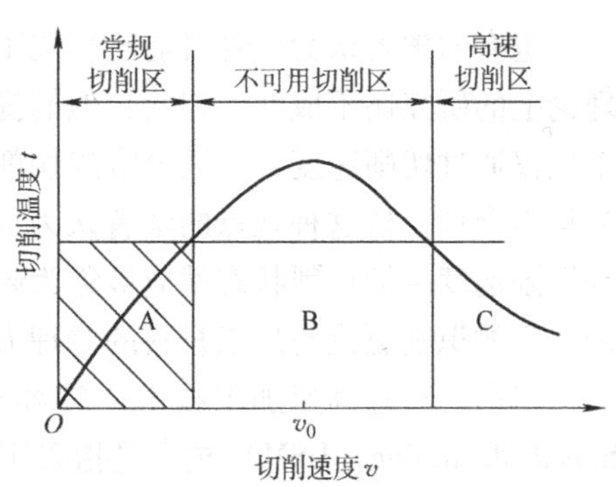

图 3-3　Salomon 曲线

二、超高速加工技术的概念

随着制造技术的发展，在加工中能实现的切削速度越来越高。根据切削速度的不同，切削可分为传统切削、高速切削、超高速切削。

超高速加工技术是实现高效加工的核心技术，工序的集约化和设备的通用化为超高速加工技术实现高效加工创造了条件。可以说，超高速加工技术是在不增加设备数量的前提下，大幅度提高加工效率所必不可少的技术。

目前，学术界对超高速加工技术的定义仍然存在争议。有的学者认为超高速加工技术是指采用超硬材料的刀具，通过极大地提高切削速度和进给速度来提高材料切除率、加工精度和加工质量的现代加工技术。超高速加工技术的切削速度范围因不同的工件材料、不同的切削方式而有所不同。各种加工方法的超高速切削速度如表 3-1 所示。

表 3-1 各种加工方法的超高速切削速度 (单位：m·min⁻¹)

加工方式	车削	铣削	钻削	拉削	铰削	锯削	磨削
切削速度	700~7000	300~6000	200~1100	30~75	20~500	50~500	5000~10000

对于不同的被加工材料，超高速切削速度范围也不尽相同，具体范围如表 3-2 所示。

表 3-2 各种被加工材料的超高速切削速度 (单位：m·min⁻¹)

被加工材料	速度范围		
	传统切削	高速切削	超高速切削
纤维增强塑料	<1000	1000~8000	>8000
铝合金	<1000	1000~7000	>7000
铜合金	<900	900~5000	>5000
灰铸铁	<800	800~3000	>3000
钢	<500	500~2000	>2000
钛合金	<100	100~1000	>1000

也有的学者认为尽管目前已形成了超高速切削的实用技术，但在超高速切削机理、基础理论上的研究还不成熟。因此，他们提出还应通过切削过程中材料的物理力学性能变化，而不仅仅通过切削速度，来区分常规切削加工和超高速切削加工，他们认为这样的分类方法更为科学合理。持这种观点的学者认为，在 Salomon 理论成立的前提下，特定材料切削速度达到极限速度时的切削状态就应被称为超高速切削。因此，超高速切削应不仅仅通过速度来识别，它的识别更是与加工材料的物理力学性能和切削状态密切相关。

目前，对超高速加工技术比较容易获得大家认同的定义如下：超高速加工（Ultrahigh Speed Machining，USM）技术是指采用超硬材料刀具、磨具和能可靠地实现高速运动的高精度、高自动化、高柔性的制造设备，以极大地提高切削速度来提高材料的切除率、加工精度和加工质量的现代加工技术。

三、高速加工、超高速加工的发展历程

自提出高速加工的概念后，经过数十年的探索和研究，高速加工技术才逐步用于生产。其研究和应用经历了以下几个阶段。

1. 高速加工理论研究和探索阶段（1931—1971）

自 20 世纪 30 年代高速加工理论提出后，20 多年中一直没有重要进展。直到 20 世纪 50 年代后期，人们对高速加工的基础理论研究才开始展开。美国、日本、法国、前苏联、英国和澳大利亚等国参与了这个阶段的基础理论研究。

由于当时世界上还没有高速加工机床，所以人们不能进行高速度的切削加工实验，但是当时的人们创造性地采用了弹射实验方法来对高速加工理论进行实验研究。这些实验有的是通过弹射快速滑动的刀具来对工件进行切削加工，有的是弹射工件使其经过静止的刀具切削刃从而进行切削。实验结果表明：进行高速加工时，工件的切屑形状与普通切削条件下不同，随着切削速度的提高，切削中会逐渐形成不连续的切屑，这些切屑是由于脆性断裂而形

成的。在低速切削时，切削力随切削速度的提高而增大，但当切削速度增大到一定程度后，切削力反而会下降。大量研究结果还表明，高速加工可以通过使用能承受工件材料熔点以上温度的刀具材料来实现，提高切削速度可以改善表面加工质量。实验证明，铸铁的高速切削加工是可行的，但钢件的高速切削加工比较困难，这主要是因为当时没有高速切削钢件的合适刀具材料。

2. 高速加工应用的基础研究和探索阶段（1972—1978）

美国洛克希德导弹与空间公司 R. L. King 研究小组，曾对铝合金和镍铝青铜合金进行过高速加工研究，主要目的是探索高速加工用于实际生产的可行性。研究结果表明，高速加工可以大幅度降低加工时间，而且由于切削力减小，高速加工可以提高加工零件的精度。因此，在实际生产中应用高速加工是经济可行的。

在这一阶段，美国、德国、澳大利亚和印度等国家的学者，继续研究用高速钢、硬质合金刀具切削铝合金和碳钢的切屑形成机理、切削力和切削温度与切削速度的关系等问题。1977 年，美国用切削速度高达 1800m/min 的铣床进行高速加工实验研究，证明了弹射实验的结果和理论分析的正确性。

在这期间，人们通过实验研究，还发现高速加工时产生的热量，大部分是被切屑带走的。

3. 高速加工应用研究阶段（1979—1989）

1979 年，美国国防高级研究工程局（DARPA）开始了一项为期四年的现代加工技术研究计划。该计划对高速加工基础理论、高速加工刀具技术、高速加工工艺、激光辅助加工以及经济可行性等进行了全面系统的研究。在研究中，研究人员主要研究了高速车削和铣削，主要研究的工件材料包括钢、铸铁及铝、铜、铅及其合金和镍基合金等，刀具材料有碳素工具钢、高速钢、硬质合金、立方氮化硼和陶瓷刀具等。在研究过程中，刀具的切削速度在改装机床上达到了 7600m/min，在弹射装置上达到了 73000m/min。该项研究解决了此前研究中主要争论的问题。该研究结果明确指出：高速加工中，随切削速度提高，切削力降低；切削温度升高至工件材料熔点后没有出现降低；高速加工可改善表面加工质量但要注意加工中的振动；除加工铝合金外，高速切削钢、铁及其合金、镍基合金等材料时，刀具均发生严重磨损，寿命降低。研究还指出，高速切削加工是经济可行的。

1979 ~ 1983 年，在德国政府研究技术部（MRT）的资助下，由 Darmstadt 工业大学生产工程与机床研究所（PTW）Schulz H. 教授领导的研究组，开展了一项合作研究。此项研究旨在研究高速铣削加工的特点。1981 年，该研究组研制出了由磁悬浮轴承支承的高速电主轴系统，并利用该系统进行了高速铣削铝合金实验研究。1984 ~ 1988 年间，该研究组全面深入系统地研究了高速铣削铁族和非铁族材料的基础理论、高速切削刀具和机床技术、高速切削加工工艺及其效率等许多高速加工技术的实际应用问题，取得了许多有重要价值的研究成果。

该阶段对高速加工理论和技术的卓有成效研究，为高速加工技术的发展和应用奠定了重要基础。

4. 高速加工技术发展和应用阶段（1990 年至今）

经过半个多世纪的理论和应用的探索与研究，人们清楚地认识到了高速加工技术在市场竞争日益激烈的制造业中的巨大潜力。20 世纪 90 年代以后，各工业发达国家陆续投入到高速加工技术的研究、开发与应用中，尤其是加大对高速切削机床和刀具技术的研究和开发力度，与之相关的技术也得到了迅速发展。

1993 年，直线电动机的出现，拉开了高速进给的序幕，新型电主轴高速加工中心不断投入市场。高速切削刀具、用来使刀具与主轴连接的刀柄的出现与使用，标志着高速加工技术已从理论研究进入到了工业应用阶段。高速加工技术的发展促进了机床的高速化，大大推动了现代数控加工技术的发展。现在，高速加工中心主轴转速一般为 40000 ~ 100000r/min，快速进给速度为 30 ~ 60m/min，换刀时间为 3 ~ 5s。目前，世界上已经出现了主轴最高转速达 150000r/min，换刀时间为 0.7 ~ 1.5s 的加工中心。现在，在工业发达国家，高速加工、超高速加工技术已成为切削加工的主流，已被广泛地应用于模具、航空、航天、高速机车和汽车工业中。

最近十年来，高速加工理论研究进一步深入，取得了新的进展，主要有锯齿状切屑的形成机理，高速切削加工钛合金时的切屑形成机理，机床结构动态特性及切削颤振的避免，多种刀具材料加工不同工件材料时的刀具前刀面、后刀面和加工表面的温度关系，高速切削时切屑、刀具和工件切削热量的分配等理论成果。研究进一步证实了大部分切削热被切屑带走的结论。切削温度的实验研究表明：利用现有的刀具材料高速加工时，不论连续或断续切削，均未出现 Salomon 理论中的“死谷”。

在这一阶段，高速硬切削加工得到了进一步研究、发展和应用。与磨削加工相比较，高速硬切削加工有很多优越性，在替代磨削加工方面具有很大潜力。高速干式切削加工日益受到重视，它对保护环境、减少消耗、降低成本具有重大作用。研究表明，人们利用高速干式切削加工技术，加工铸铁、钢、铝合金，甚至超级合金和钛都是可能的，但要根据工件材料特性，合理设计切削条件。

四、超高速加工的特点

1. 切削力小，变形小

研究表明，在进行切削加工时，当切削速度达到一定数值时，切削力可降低 30% 左右，这对超高速加工技术的应用十分有利，尤其是径向切削力的大幅减小，特别有利于利用超高速加工技术对刚性差的零件进行加工。基于此原理，工程技术人员可利用超高速加工技术加工如细长轴、薄壁类等刚性较差的零件，以减少加工变形，提高零件加工精度。

2. 切削效率高，加工能耗低，节省制造资源

随着切削速度的大幅提高，进给速度亦相应提高了 5 ~ 10 倍，单位时间内材料切除率可提高至原来的 3 ~ 6 倍，零件加工时间可缩减到原来的 1/3，这样就大大缩短了加工时间，提高了生产率。进行超高速加工时，单位能量的金属切除率显著增大，能耗显著降低，工件在制时间显著缩短，从而提高了生产中能源和设备的利用率，降低了切削加工所耗能量在制造系统资源总量中的比例。

3. 加工工件的热变形减小

在超高速加工中，切削热对加工工件的影响减小。这是因为 95% 以上的切削热来不及传给刀具和工件就被切屑带走，工件积聚的热量极少，因此不会由于温度的升高而导致弯翘或膨胀变形，同时这有利于提高刀具寿命，延长刀具总寿命。超高速加工技术特别适合于那些对温度十分敏感的零件的加工。

4. 加工精度高，表面粗糙度低

超高速加工中较高的主轴转速和进给速度，以及机床结构的改善，都使加工过程中的激振频率得以提高，远远超出了“机床—刀具—工件”工艺系统固有的频率范围。这使得加工过程平稳，振动较小，从而保证了较好的加工状态，可实现高精度、低表面粗糙度的加工，同时减少了后续加工工序。

5. 可完成高硬度材料的加工

在高速、大进给量和小切削深度的条件下，采用带有特殊涂层的硬质合金刀具可完成硬度高达40～62HRC的淬硬钢加工，不仅效率高出EDM（电火花加工）3～6倍，而且可获得很高的表面质量（表面粗糙度 $Ra=0.4\mu m$）。

6. 加工成本低

在超高速加工中，切削速度和进给速度都很高，这样就大大缩短了零件的加工时间，而且在一台机床上可以同时完成所有的粗精加工，可使成本降低50%左右。

正是因为与常规切削加工相比，超高速加工在很多方面具有显著的优越性，所以引起人们越来越广泛的关注。

五、超高速加工的关键技术

在超高速加工技术中，具备超硬材料刀具（磨具）是实现超高速加工的首要条件；高速数控机床和加工中心是超高速加工得以实现的关键设备；超高速刀具切削、超高速磨削加工技术是超高速加工的工艺方法；超高速加工测试技术是保证超高速加工质量的必要手段。

1. 刀具（磨具）材料

用于超高速加工的刀具，必须与工件材料有较少的化学亲和性，具有优良的力学性能、热稳定性、抗冲击和热疲劳特性。目前，刀具材料已从碳素工具钢和合金工具钢，经高速钢、硬质合金钢、陶瓷材料，发展到人造金刚石及聚晶金刚石（PCD）、立方氮化硼及聚晶立方氮化硼（CBN）。

砂轮材料过去主要采用刚玉系、碳化硅系等，美国G.E公司于20世纪50年代首先在金刚石人工合成方面取得成功，20世纪60年代又首先研制成功CBN。到了20世纪90年代，陶瓷或树脂结合剂CBN砂轮、PCD砂轮的线速度可达125m/s，有的甚至可达150m/s，而单层电镀CBN砂轮可达250m/s。

因此有人认为，随着新刀具（磨具）材料的不断发展，每十年切削速度就可提高一倍，亚声速乃至超声速加工的出现，不会太遥远了。

2. 切削机床

20世纪50至60年代初，美国和日本开始涉足高速切削领域。在此期间，针对高速加工过程及进行超高速加工的机械结构，德国已进行了许多基础性研究工作。随着超高速加工主轴技术的发展，切削速度得到了很大提高。1976年，美国的Vought公司研制出了当时世界上第一台超高速铣床，最高转速达到了20000r/min，功率为15kW。自20世纪80年代中后期以来，商品化的超高速切削机床不断出现，超高速切削机床已从单一的超高速铣床发展出超高速车铣床、钻铣床乃至各种高速加工中心等。目前，瑞士Mikron高速加工中心主轴转速可达60000r/min（图3-4）。美国、德国、日本也相继推出了自己的超高速机床。美国Ingersoll公司生产的采用直线电动机的HVM800型高速加工中心，进给移动速度达到了

60m/min；德国 DMG 公司 2004 年推出的 DMC 75V Linear 立式精密加工中心，加工的加速度可以达到 2g（g 为重力加速度），三个直径驱动轴都采用了直线电动机技术，快移速度可以达到 90m/min；日本北村机械的 SPARKCUT 立式加工中心，转速达 150000r/min，采用气浮轴承，快速移动速度可达 100m/min，加速度可达 2g（g 为重力加速度）。

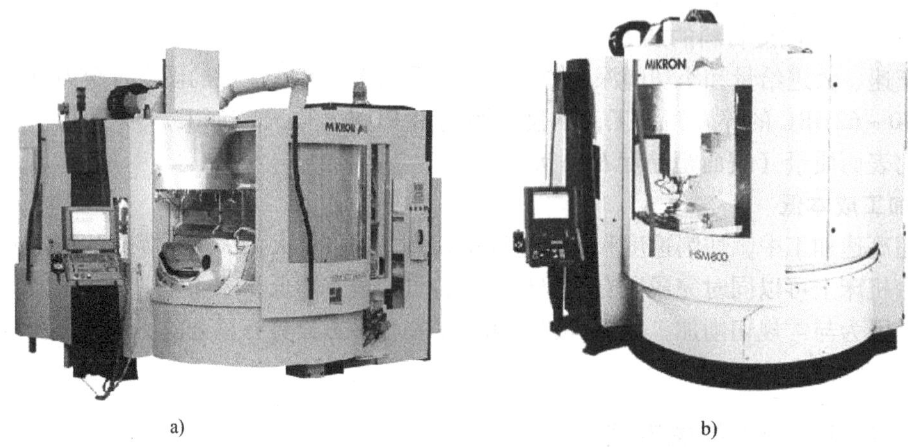

a) b)

图 3-4 高速加工中心

a）Mikron HSM600U 5 轴高速加工中心 b）Mikron HSM800 5 轴高速加工中心

超高速磨削技术在近 30 年中也得到了长足的发展及应用。1983 年，德国 Guehring Automation 公司制造出了当时世界上第一台 60kW 强力 CBN 砂轮高效深磨（HEDG）磨床，其主轴转速达 10000r/min，切削速度达 140～160m/s。

20 世纪 90 年代以来，在超高速加工领域出现了一种全新结构的机床——六杆机床。六杆机床又可称为并联机床，其外形和工作原理如图 3-5 所示。六杆机床是新一代机床，是一种知识密集型设备，是现代机器人技术和现代数控机床技术结合的产物，它代表着机床制造业的发展方向。这种新型机床完全打破了传统机床结构的概念，抛弃了固定导轨的刀具导向方式，克服了传统机床刀具作业自由度偏低、设备加工灵活性和机动性不够等固有缺陷。六

a) b)

图 3-5 并联机床

a）机床外形 b）工作原理

杆机床的主轴由六条伸缩杆支撑，通过调整各伸缩杆的长度，可使机床主轴在其工作范围内既可作直线运动，也可转动。与传统机床相比，六杆机床能够实现六个自由度的运动；每条伸缩杆可采用滚珠丝杠驱动或直线电动机驱动，结构简单。由于每条伸缩杆只是轴向受力，结构刚度高，可以降低其质量以实现快速进给，高速切削。

3. 超高速加工机理

目前对超高速加工机理的研究还不够成熟，我们特别需要进行的研究工作是：以超高速加工的工业实用化为目标，进行其加工机理的研究。通过对各种材料的超高速加工机理，各种新型刀具、磨具的超高速加工性能以及超高速加工工艺参数优化的系统性研究，再通过试验研究与计算机仿真技术相结合，最终建立起完善的超高速加工基础理论体系和工艺参数数据库，以指导工业生产实践。我们需要开展的另一主要研究工作，是利用虚拟现实技术，开发超高速加工的计算机动画、视觉及预测仿真软件，以揭示超高速加工的内在规律。

4. 超高速加工测试技术

超高速加工测试技术，主要指在超高速加工过程中通过传感技术，分析、处理信号，对超高速机床系统的状态进行实时监测和控制。其涉及的关键技术主要有：基于监控参数的在线检测技术、超高速加工的多传感信息融合检测技术、超高速加工机床中各单元系统功能部件的测试技术、超高速加工中工件状态的测试技术以及超高速加工中自适应控制技术及智能控制技术等。

第三节　超精密加工技术

一、超精密加工技术的概念

超精密加工技术（Ultra-precision Machining Technology，UMT）是指使工件的加工精度和表面质量达到极高程度的精密加工工艺，指用刀具切削、磨削的加工方法，通过刀具、磨具和机床的成形运动，得到超精密零件的加工方法（图3-6）。超精密加工技术是个相对概念，随着工艺水平的提高，不同时期有着不同的划分界限，并无严格统一的划分标准。就目前的工艺水平而言，超精密加工技术指加工零件的尺寸精度高于0.1μm，表面粗糙度 *Ra* 值小于0.025μm，所用机床定位精度的分辨率和重复性高于0.01μm的加工技术。超精密加工技术目前亦称为亚微米级加工技术，其正在向纳米级加工技术方向发展，超精密加工技术以实现原子的移动和重新组合为其终极发展目标。

图3-6　超精密加工技术加工的形面示例

二、超精密加工技术的发展历程及现状

不断地提高加工精度和加工表面质量，是现代制造业的永恒追求，其目的是提高产品的性能、质量以及可靠性。超精密加工技术是20世纪出现的高新技术，发展十分迅猛，在该

项技术发展的带动下，纳米电子、纳米材料、纳米生物、纳米机械、纳米制造、纳米测量等新的高新技术群得以开创。超精密加工技术将开发物质潜在的信息和结构潜力，使单位体积物质储存、处理信息和运动控制的能力实现又一次飞跃。在信息、材料、生物、医疗等领域，超精密加工技术都帮助人类取得了重大突破。

美国是最早开展超精密加工技术研究的国家，也是迄今为止技术水平处于世界领先地位的国家。早在20世纪50年代末，由于航天等尖端技术发展的需要，美国就发展了金刚石刀具的超精密切削技术，这种技术可称为“SPDT技术”（Single Point Diamond Turning）或“微英寸技术”（$1\mu in=0.025\mu m$），并发展了相应的空气轴承主轴的超精密机床，用于加工激光核聚变反射镜、战术导弹及载人飞船用球面、非球面大型零件等。

在美国能源部支持下，劳伦斯·利弗莫尔国家实验室和Y-12工厂于1983年7月研制出DTM—3型大型超精密金刚石车床。该机床可加工直径为2.1m、重量达4500kg的激光核聚变用金属反射镜、红外装置用零件、大型天体望远镜（包括X光天体望远镜）镜片等。同时，该机床的加工精度可达到形状误差为28nm（半径）、圆度和平面度为12.5nm、表面粗糙度为Ra4.2nm的程度。1984年，该实验室研制的大型光学金刚石车床LODTM（Large Optics Diamond Turning Machine），是一台最大加工直径为1.63m的立式车床，其定位精度可达28nm。借助在线误差补偿能力，它已实现了在1m范围内直线度误差不超过±25nm的加工。

在超精密加工技术领域，英国克兰菲尔德技术学院所属的克兰菲尔德精密工程研究所（CUPE）享有较高声誉，它是当今世界精密工程的研究中心之一，是英国超精密加工技术水平的代表。由CUPE生产的纳米加工中心Nanocentre，既可进行超精密车削，又带有磨头，可进行超精密磨削，加工工件的形状精度可达$0.1\mu m$，表面粗糙度$Ra<10nm$。

与美国和英国相比，日本对超精密加工技术的研究起步较晚，但却是当今世界超精密加工技术发展最快的国家。在超精密加工技术的研究上，日本的研究重点不同于美国，其是以超精密加工技术在民用产品上的应用为主要方向，所以日本的超精密加工技术，主要应用于声、光、图像、办公设备中的小型、超小型电子和光学零件中。在这一应用领域，日本的超精密加工技术是更加先进和具有优势的，甚至超过了美国。

20世纪70年代末期，我国的超精密加工技术有了长足进步，到了20世纪80年代中期，我国开发了具有世界水平的超精密机床和部件。北京机床研究所是我国进行超精密加工技术研究的主要单位之一，研制出了多种不同类型的超精密机床、部件和相关的高精度测试仪器等，如精度达$0.025\mu m$的精密轴承、JCS—027超精密车床、JCS—031超精密铣床、JCS—035超精密车床、超精密车床数控系统、复印机感光鼓加工机床、红外大功率激光反射镜、超精密振动-位移测微仪等，达到了国内领先、国际先进的水平。航空航天工业部303所在超精密主轴、花岗岩坐标测量机等方面，进行了深入研究及产品生产。哈尔滨工业大学在金刚石超精密切削、金刚石刀具晶体定向和刃磨、金刚石微粉砂轮电解在线修整技术等方面，进行了卓有成效的研究。清华大学在集成电路超精密加工设备、磁盘加工及检测设备、微位移工作台、超精密砂带磨削和抛研、金刚石微粉砂轮超精密磨削、非圆截面超精密切削等方面，进行了深入研究，并有相应产品问世。此外，中国科学院长春光学精密机械与物理研究所、原华中理工大学、沈阳第一机床厂、成都工具研究所、国防科技大学等都进行了这一领域的研究，且成绩显著。但总的来说，与国外先进技术相比，与生产实际要求相比，我国在超精密加工的效率、精度，特别是规格（大尺寸）和技术配套性方面，还有相当大的差距。

纳米技术是超精密加工技术的一个新兴发展领域，它的出现和发展，不仅仅标志着加工和测量精度从微米级提高到了纳米级，还反映出人类对自然的认识和改造，已从宏观领域进入到了微观领域，深入到了一个新的层次，即从微米层次深入到了原子、分子级的纳米层次。在深入到纳米层次时，人类所面临的绝不是几何上“相似缩小”的问题，而是要面对一系列新的现象和规律。在纳米层次上，一些宏观的物理量，如弹性模量、相对密度等已要求重新定义；在工程科学中习以为常的牛顿力学、宏观热力学等理论已不能正确描述纳米级的工程现象和规律；而量子效应、物质的波动特性等已是纳米层次的科学研究中不可忽略的因素，甚至成为了主导因素。

三、超精密加工技术的应用

超精密加工技术，按加工方式不同可分为超精密刀具切削、超精密磨削、研磨、抛光及超精密微细加工等加工技术。尽管以上对超精密加工技术进行再分的子技术在原理和实际操作方式上都有很大区别，但它们也有着诸多相同的共性技术。目前，超精密加工技术已从单一的金刚石车削技术，发展到了超精密磨削、研磨、抛光等多种加工技术的综合运用，已成为现代加工制造技术中的一个重要组成部分。利用超精密加工技术生产出的产品已涉及国防、航空航天、计量检测、生物医学、仪器等多个领域。在某种意义上，超精密加工技术担负着支持人类最新科学发现和发明的重要使命。

超精密加工技术的研究领域主要包括：超精密加工的机理研究，超精密加工的设备制造技术研究，超精密加工工具及刀具刃磨技术研究，超精密测量技术和误差补偿技术研究，超精密加工工作环境条件研究等。

四、超精密加工技术的发展趋势

1. 向更高精度、更高效率方向发展

日后，超精密加工技术的加工和测量精度会由目前的亚微米级，向纳米级进军，最终会实现原子级加工精度。

2. 向大型化、微型化方向发展

今后，超精密加工技术的应用向大型化方向发展，用来研制大型超精密加工设备；同时，也会向微型化方向发展，以适应微型机械、集成电路的加工需要。

3. 超精密加工机床将向多功能模块化方向发展

应用超精密加工技术的加工机床将会向超精结构、多功能、光机电一体化、加工检测一体化方向发展。

4. 新材料、新工艺不断涌现

不断探讨适合于超精密加工的新原理、新方法、新材料。

第四节　微细加工技术

一、微细加工技术的概念

微细加工技术（Microfabrication Technology，MT）指用以制造微小尺寸零件的加工技术。微细加工技术起源于半导体制造工艺，是针对集成电路的制造要求而提出的。在微型机械研究领域中，它是微米级微细加工、亚微米级微细加工和纳米级微细加工的通称。图 3-7 中的两件产品就是利用微细加工技术制造的产品，图中的尺寸为其参照尺寸。

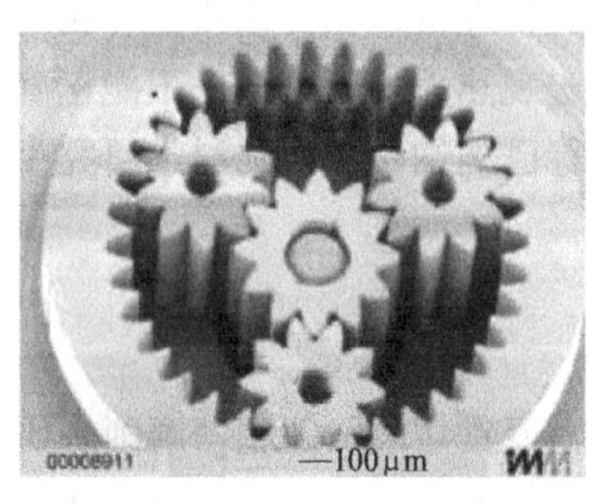

a)

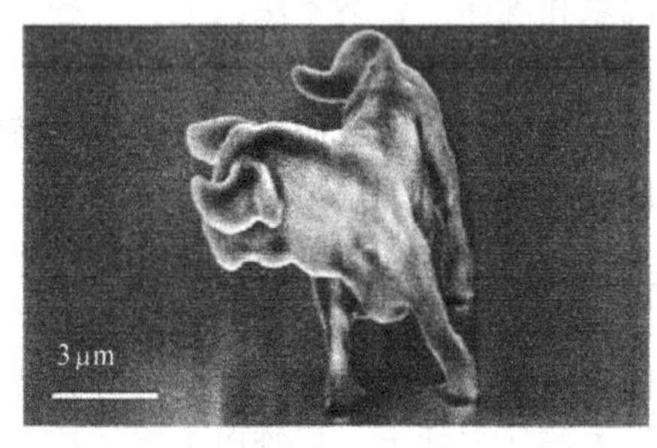

b)

图 3-7　利用微细加工技术制造出的产品
a）相互啮合的传动齿轮组　b）公牛三维图形

微细加工技术不是传统机械加工技术的直接微型化。当一个系统的特征尺寸达到微米级或纳米级时，许多新的科学问题将会出现。因此，微细加工技术远超出了传统机械加工技术的范畴，其内容十分丰富，涉及了许多现代特种加工、高能束加工等加工技术，是一个新兴的、多学科交叉的高科技领域。目前，微细加工技术面临着许多崭新课题，例如随着加工工件尺寸的减小，表面积与体积之比的增加，表面力学、表面物理效应等理论将起主导作用，传统的设计和分析方法将不再适用，而摩擦学、微热力学这类学科将在微系统中变得至关重要。

微细加工技术曾经被广泛应用于大规模和超大规模集成电路的加工制作中。正是借助于微细加工技术，众多的微电子器件及相关技术和产业才得以出现和发展，人类社会才会迎来信息革命。在发展过程中，微细加工技术也逐渐被赋予更广泛的内容和更高的要求。

二、微细加工技术的特点

1. 加工尺寸小

在加工过程中，微细加工技术的加工尺寸极小，而且加工对象的整体尺寸也很微小，如图 3-8 所示。

2. 要求采用新的加工机理

由于加工对象具有微小性和脆弱性的特性，因此，在进行微细加工时，工程技术人员仅仅依靠宏观的加工技术来达到加工目的已经很不现实，必须采用新的加工机理，针对不同对象和加工要求，具体考虑使用不同的加工方法。

3. 对制造系统提出了新的要求

微细加工在加工设备、制造环境、材料选择与处理、测量方法和仪器等方面都有其特殊要求，因此，它对整个制造系统提出了新的要求。

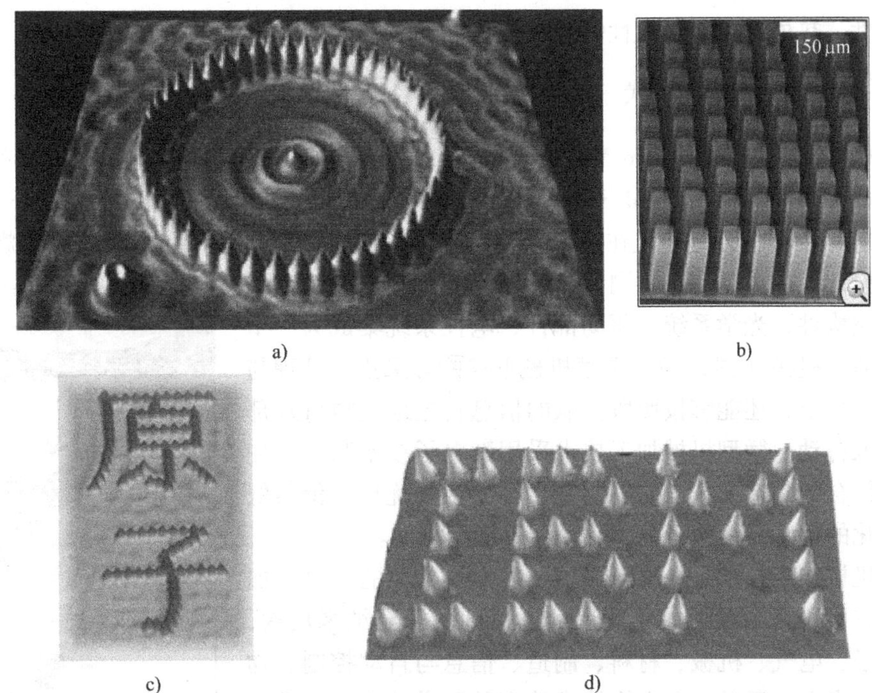

a)　b)

c)　d)

图 3-8　尺寸极小的微细加工产品

a）用 48 个铁原子排列成的圆形围栏　b）在硅基板上定向排列的碳纳米管

c）用 101 个铁原子排列出的汉字　d）用 35 个氙原子组成的字母

三、微细加工技术的分类

微细加工技术可大致分为四种类型。

1. 分离加工

分离加工又称去除加工，是将材料的某一部分分离出去的加工方式，比如分解、蒸发、溅射、切削、破碎等。

2. 结合加工

结合加工是利用物理和化学方法使同种或不同材料实现相互附着等相互结合的加工方式。按结合的机理不同，结合加工可分为附着、注入和连接三种加工方式。附着加工又名沉积加工，是在工件表面上覆盖一层物质的加工方式，工件和覆盖物质间实现的是一种弱结合，典型的加工方法是镀；注入加工又名渗入加工，是在工件表面上注入某些元素，使之与基体材料产生物理化学反应的加工方式，基体材料与注入元素间的结合是具有共价键、离子键、金属键的强结合，注入加工常用以改变工件表层材料的力学机械性质，如渗碳渗氮等；连接是将两种相同或不同材料通过物理化学方法连接在一起的加工方式，如焊接、粘接等。

3. 变形加工

变形加工指使加工材料形状发生改变的加工方式，如塑性变形加工、流体变形加工等。

4. 改性加工

改性加工指通过改变加工材料的成分、组织来提高或改变其性能的加工方式，包括材料处理或改性、热处理或表面改性等。

四、微型机械加工技术

微型机械加工技术（Micro Machine Machining Technology，日本惯用词）又名微型机电系统（Micro Electro-Mechanical System，MEMS，美国惯用词）、微型系统（Micro Systems，MST，欧洲惯用词）[⊖]，是建立在微米/纳米技术基础上的21世纪前沿技术，是对微米/纳米材料进行设计、加工、制造、测量和控制的技术。这种加工技术可将机械构件、光学系统、驱动部件、电控系统集成为一个整体，即微型机械（图3-9）。微型机械不仅能够采集、处理与发送信息或指令，还能够按照所获取的信息自主地或执行外部的指令采取行动。微型机械加工技术采用微电子技术和微细加工技术相结合的制造工艺，能够制造出许多性能优异、价格低廉、微型化的传感器、执行器、驱动器等微型机械。

图3-9 微型机械昆虫

微型机械加工技术是一项新兴的、多学科交叉的高科技加工技术，它所研究和加工的功能尺寸已达到微米至纳米层次，其涉及电子、电气、机械、材料、制造、信息与自动控制、物理、化学、光学、医学以及生物技术等多种科学技术，并吸纳了许多当今科学技术的尖端成果。

人类制造微型机械的目的，不仅仅在于缩小机械的尺寸和体积，其目的更在于通过微型化、集成化技术，创造出具有新原理、新功能的元件和系统，从而开辟出一个新的技术领域，以形成可以批量化生产的新型产业。

五、常用微细加工技术简介

目前国内外常用的微细加工技术主要有以下几种：

1. 超微机械加工技术

超微机械加工技术是一种三维实体加工技术，指人们用微细切削和电火花、线切割等加工方法，制造毫米级尺寸以下的微机械零件的加工技术。微细切削加工技术适合加工所有金属、塑料及工程陶瓷材料，主要加工方式有车削、铣削、钻削等。

2. 光刻技术

光刻技术也称照相平版印刷技术，起源于微电子的集成电路制造技术，是在微型机械制造领域中应用较早，现在仍被广泛应用且在不断发展的一种微细加工技术。光刻技术的原理与印刷术中的照相制版相似，首先，制作者要设计制作出光掩膜板，在加工层上涂覆光致抗蚀剂，然后制作者利用极限分辨率极高的能量束照射光掩模板，从而对光致抗蚀层进行曝光（或称光刻）（图3-10a）；经显影后，光致抗蚀剂上便获得了与光掩模板图形相同的极微细的几何图形（图3-10b）；再利用刻蚀等技术，将光掩膜板保护的光致抗蚀剂部分对应的加工层保留下来，在工件材料上就制造出了微型结构（图3-10c）。

⊖ 国际上一般将微型机械加工技术、微型机电系统、微型系统统称为M^3技术。

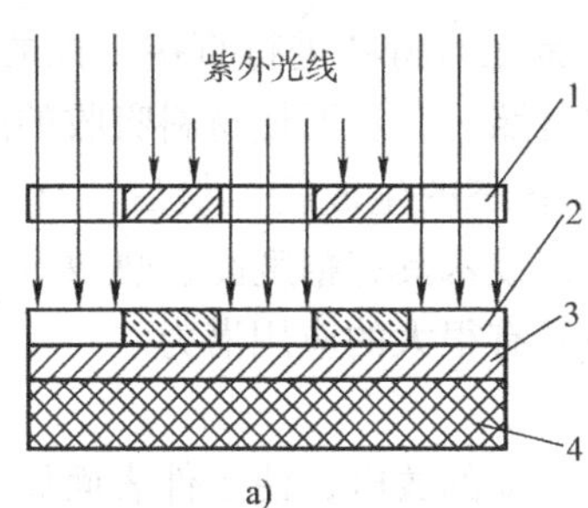

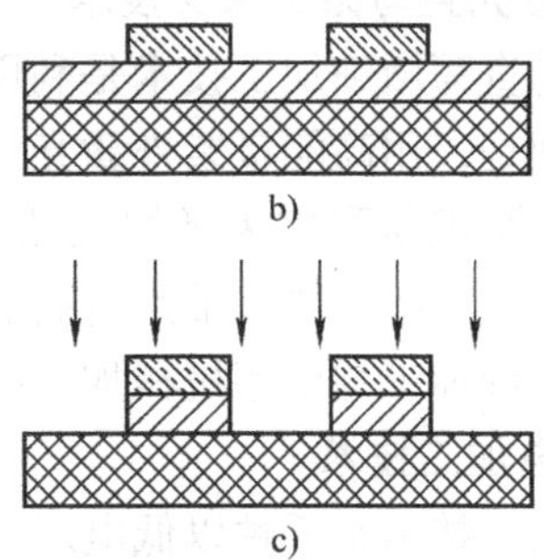

图 3-10 光刻基本过程

a）紫外光线透过光掩膜板对光致抗蚀剂进行照射 b）光致抗蚀剂上形成了与光掩膜板图形相同的微细几何图形

c）利用刻蚀技术，在基板上制造出微型结构

1—光掩膜板 2—光致抗蚀剂 3—加工层 4—基板

3. 微细立体光刻技术

微细立体光刻技术是一种新型微细加工技术，属于光造型技术。这种加工技术将激光技术、CAD/CAM 技术、材料科学及微细加工技术融为一体，能够直接加工出微型立体结构，并可结合微细电铸技术将加工对象扩展到多种金属及非金属材料。

4. 高能束刻蚀技术

根据高能束的类型不同，高能束刻蚀技术可分为离子束刻蚀、等离子体刻蚀、激光刻蚀等技术。其中，离子束刻蚀技术是一种以物理作用为主的刻蚀技术，其又可分为聚焦离子束刻蚀、反应离子束刻蚀、离子束辅助刻蚀等。

聚焦离子束刻蚀技术是在一定离子密度条件下，用直径为亚微米级的射束对工件表面直接刻蚀的刻蚀技术。这种技术通过入射离子向工件材料表面原子传递动量的方式，来达到逐个蚀除工件表面原子的目的。加工过程中，人们可以精确控制射束的密度和能量，从而可达到纳米级的制造精度。

反应离子束刻蚀是将一束反应气体的离子束直接引向工件表面，与工件表面发生反应后形成一种既易挥发又易靠离子动能加工的产物，同时通过反应气体离子束溅射作用而达到刻蚀目的的高能束刻蚀技术。

离子束辅助刻蚀是将惰性气体充入低真空的等离子体型离子源中，用高频放电或直流放电使之等离子体化；或采用液态金属离子源发射离子束，而后用加速电极将离子从离子源中呈束状引出并使之加速，离子束进入高真空加工室后，射向固体表面，通过碰撞固体表面的原子而进行加工的高能束刻蚀技术。

等离子体刻蚀是一种以化学反应为主的刻蚀技术。刻蚀气体分子在高频电场的作用下发生电离，形成辉光放电而产生等离子体。在这种等离子体中，游离基的化学性质十分活泼，利用它与被刻蚀材料发生的化学反应，可以达到刻蚀材料的目的。

激光刻蚀中包含了热激活反应和光化学反应，是近年来发展起来的新技术。由于激光对气相或液相物质具有良好的透射性，所以强聚焦的紫外或可见光激光束能够穿透稠密的、化学性质活泼的基片表面的气体或液体，并可有选择地对气体或液体进行激发，受激发的气体或液体与衬底可进行微观的化学反应，从而进行刻蚀、淀积、掺杂等微细加工。

5. 准分子激光直写微细加工技术

准分子激光直写微细加工技术是利用准分子激光对材料进行直接刻蚀的微细加工技术。这种技术的原理是，用高能量紫外激光对材料进行照射，从而使材料吸收的能量超过材料阈值，使材料的化学键断裂成为极细微的、呈气体状态的生成物。最后，材料的体积急剧膨胀，以爆炸的形式脱离母体并带走过剩的能量。该技术具有精度高、热效应小、加工灵活等显著优点，在微细加工与微型机械加工技术领域具有很大的应用潜力。

6. 精密放电加工技术

精密放电加工技术是一种以低电压、高电流密度的放电，使工件表面局部熔化并汽化的蚀除加工技术。该技术的加工阻力极小，不仅可以加工导电材料，而且可以加工单晶硅等半导体材料，适用于微型机械构件的制造。

7. 薄膜制备技术

薄膜制备技术的工作过程，是制作者单独或综合利用热能、等离子体、紫外光、激光等能源，使气态物质在固体的热表面发生物理或化学反应并进行沉积，从而形成稳定的固态物质膜的过程。薄膜制备技术可分为物理气相沉积（PVD）技术和化学气相沉积（CVD）技术，并可进一步细分为热化学气相沉积、离子辅助沉积、等离子喷涂、离子镀以及激光物理气相沉积、激光化学气相沉积等技术。

8. 牺牲层技术

牺牲层技术即在形成微机械结构的空腔或可活动的微结构过程中，先在下层薄膜上用结构材料淀积所需的各种结构件，再用化学刻蚀剂将下层薄膜腐蚀掉，从而得到上层薄膜结构。由于被去掉的下层薄膜只起分离层作用，故称其为牺牲层。常用的结构材料有多晶硅、单晶硅、氮化硅、氧化硅和金属等，常用牺牲层材料主要有氧化硅、多晶硅、光刻胶，其厚度一般为 1 ~ 2μm。

9. 外延技术

外延技术是微型机械加工的重要手段之一，其特点是生长的外延层能保持与衬底相同的晶向，因而在外延层上可以进行各种横向与纵向的掺杂分布与腐蚀加工，以制得各种结构。

外延技术中可采用 SiO_2 作掩蔽，外延时，单晶硅裸露区仍将生长出单晶硅，在 SiO_2 掩蔽区上将会生长出多晶硅。若在外延层中加入一定量的盐酸，由于它对多晶硅的腐蚀很快，所以在 SiO_2 掩蔽区上生长的多晶硅将被迅速蚀除，只有裸露区生长的单晶硅才能被保存下来，通过该方法可以制造微型三维机构。

10. LIGA 技术

LIGA 是德文 Lithographie（光刻）、Galanoformung（电铸）和 Abformung（注塑）三个词的缩写。LIGA 技术是由德国卡尔斯鲁厄核原子能研究中心研发的一种光刻、电铸和注塑复合的微细加工技术。它采用深度同步辐射 X 射线光刻，在制作很厚的微型机械结构方面有着独特的优点，可以制造最大高度为 1000μm、高宽比为 200 的立体微结构。其加工精度可达 0.1μm，刻出的图形侧壁陡峭、表面光滑。LIGA 技术加工出的微型器件可以进行批量复制，因而降低了加工成本。

LIGA 技术的加工过程如图 3-11 所示，首先，制作者要将光致抗蚀剂以期望的厚度（0.1 ~ 1mm）涂在金属基板上，以 X 射线为曝光光源，利用掩膜在光致抗蚀剂上生成曝光图形的三维实体；然后，以三维实体为电铸胎膜，用电铸方法在胎膜上沉积金属以形成金属微结构模具（铸型）；最后，利用注射成形的方法即能加工出所需的微型零件。

如果在 LIGA 工艺中再加入牺牲层技术，则可使加工出的微器件中的一部分结构脱离母体而转动或移动，这在制造微型电动机或其他驱动器时极为有用。

11. 扫描隧道显微加工技术

扫描隧道显微加工技术（即原子级加工技术）是纳米加工技术中的最新发展，可实现原子或分子的搬迁、去除、增添和排列重组，即可实现原子级的加工精度。将扫描隧道显微加工技术用于纳米级光刻加工时，它具有极细的光斑直径，可以达原子级，这样可使加工对象和加工工具处于同一尺寸量级；且该技术可以在大气甚至液体介质中工作，加工成本较低。

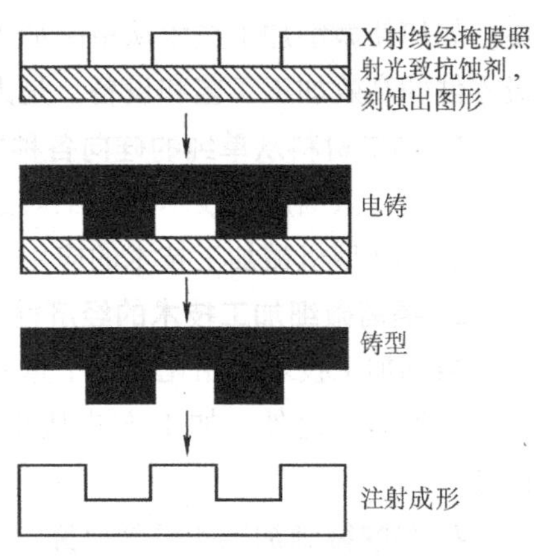

图 3-11　LIGA 技术的加工过程

12. DEM 技术

DEM 是 Deepetching（深层刻蚀）、Electroforming（电铸）、Microreplication（微复制）的英文简写。DEM 技术设想用深层刻蚀工艺来代替 LIGA 技术中的同步辐射 X 射线光刻工艺，然后进行后续的微电铸和微复制工艺。目前，DEM 技术主要的工艺路线是先利用硅深层刻蚀工艺获得高深宽比硅微结构，然后通过微电铸工艺获得金属微复制模具，最后应用微复制工艺进行微器件的批量生产。国外近年来开发出了主要用于进行硅深层刻蚀技术的先进硅刻蚀工艺，该工艺利用了感应耦合等离子体和侧壁钝化工艺等技术，可对硅材料进行较高的深宽比三维微加工，其加工厚度可达几百微米，侧壁垂直度为 $90° \pm 3°$，刻蚀速率每分钟可达 2.5μm。如用深层刻蚀出的硅微结构直接作为模具，由于硅本身较脆，在模压过程中很容易破碎，所以不能利用硅模具进行微结构器件的大批量生产，但可利用该模具对塑料进行小批量加工（加工次数小于 10 次）。

以上是对国内外当前常用微细加工技术的简单介绍，相信随着人类对微观世界认识的不断深入，未来人们必将开发出更多加工成本低、加工精度高的微细加工技术。

六、微细加工技术的发展趋势

在生物工程、化学、微分析、光学、国防、航天、工业控制、医疗、通信及信息处理、农业和家庭服务等领域，微细加工技术都显示出巨大的应用前景。当前，可以进行大批量生产的微型机械产品，如微型压力传感器、微细加速度计和喷墨打印头，已经占领了巨大市场。一些微型机械产品引起了人们的广泛关注，各种微型元件不断被开发出来，显示出了巨大的现实和潜在价值，微细加工技术已被认为是微型机械加工技术得以发展的关键技术之一。从目前来看，微细加工技术的发展趋势如下。

1. 加工方法的多样化

当前的微细加工技术是从两个领域延伸发展起来的：一是在传统的机械加工和电加工领域，微细加工技术通过人们对小型化、微型化机械和电加工技术的研究而得以发展；另一个是在半导体光刻加工和化学加工等加工领域，人们不断思考如何在高集成、多功能化微细加工的基础上，提高去除材料的能力，制作出实用的微型零件，从而使微细加工技术得以发展。如何使微细加工技术从单一加工技术向组合加工技术方向发展，研究和制造微米至毫米级零件的高效加工工艺和设备，是人们在今后一段时期内的重点攻关领域。

2. 加工材料从单纯的硅向各种类型材料方向发展

目前，微细加工技术的加工对象已扩展至玻璃、陶瓷、树脂、金属及一些有机物，这大大扩展了微型机械加工技术的应用范围，以满足更多的需求。

3. 提高微细加工技术的经济性

微细加工技术实用化的一个重要条件就是要求经济上可行，以实现加工规模由单件向批量生产发展。此外，加工方式从手工操作向自动化方向发展也是提高微细加工经济性的途径。

4. 加快微细加工的机理研究

伴随着机械构件的微小化，微细加工技术中将出现一系列的尺寸效应，如构件的惯性力、电磁力的作用相应地减小，而黏性力、弹性力、表面张力、静电力等的作用将相对变得较大；随着尺寸的减小，机械构件的表面积与体积之比会相对增大，传导、化学反应等会加速，表面间的摩擦阻力会显著增大。因而，加快微细加工的机理研究对微型机械的设计和制造加工工艺的制订，将会有很大的实际意义。

可以预测，微型机械及微细加工技术将如同微电子技术的出现和应用所产生的巨大影响一样，将导致人类认识和改造世界能力的重大突破。

第五节　快速成形技术

一、快速成形技术概述

1. 快速成形技术的概念

快速成形技术（Rapid Prototyping Technology，RPT），是一种用材料逐层或逐点堆积出制件的新型加工技术，它有许多名称，如快速成形技术、快速成型技术、快速原型制造技术、自由形式制造技术、添加式制造技术等，常简称为RP技术。㊀快速成形技术不采用常规的模具或刀具来加工工件，而是利用光、电、热等手段，通过固化、烧结、粘结、熔结、聚合作用或化学作用等方式，有选择地固化（或粘结）液体（或固体）材料，从而实现材料的迁移和堆积，形成所需要的原型零件。

快速成形技术综合运用了计算机技术、CAD技术、数控技术、激光技术及材料科学技术，可以自动、直接、快速、精确地将设计思想物化为具有一定功能的原型或直接制造出零件，从而可以对产品设计进行快速评价、修改及功能试验，有效地缩短了产品的研发周期。快速成形技术作为一种全新的加工技术，以极高的柔性获得了制造业和学术界的极大关注，是近30年来加工技术领域的一次重大突破，其对制造业的影响可与数控技术的出现相媲美。

㊀ 在快速成形技术的名称中，快速成形技术、快速成型技术、快速原型制造技术对应的英文名称为Rapid Prototyping Technology；自由形式制造技术对应的英文名称为Freedom Manufacturing Technology；添加式制造技术对应的英文名称为Additive Fabrication Technology，为了统一，人们常将这些名称统称为RP技术。

2. 快速成形技术的历史

与传统加工技术相比，快速成形技术彻底摆脱了“去除”加工法——去除毛坯上的多余材料来得到工件，而是采用了全新的“增长”加工法——用一层层的小毛坯逐步叠加成大工件，将复杂的三维加工分解成简单的二维加工的组合，从而得到工件（图 3-12）。

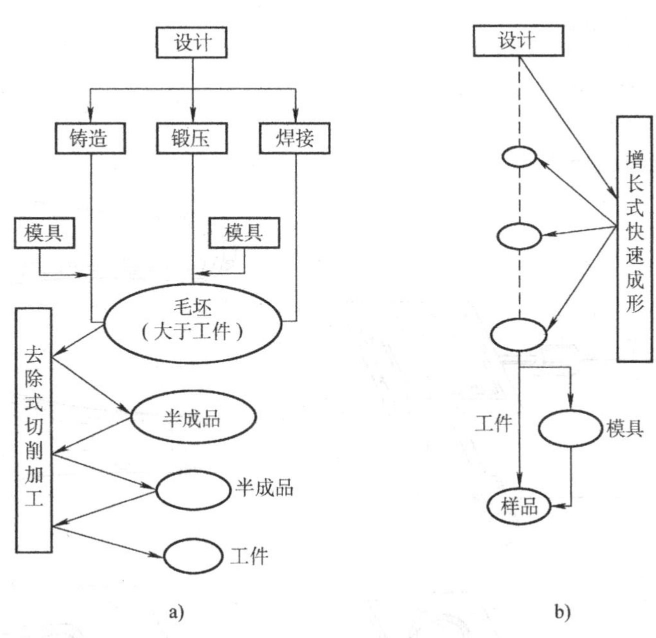

图 3-12　传统加工与快速成形比较
a）传统加工　b）快速成形

从历史上看，很早以前就诞生了“增长”制造原理。1892 年，J. E. Blanther 在他的美国专利（#473901）中，就提出了用分层制造法来构成地形图的原理，即将地形图的轮廓线压印在一系列的蜡片上，然后按轮廓线切割蜡片，并将其粘结在一起，最后熨平蜡片表面，就可得到三维地形图。1902 年，Carlo Baese 在他的美国专利（#774549）中，提出了用光敏聚合物制造塑料件的原理，这是现代第一种快速成形技术——立体光刻技术的初始设想。1940 年，Perera 提出了在硬纸板上切割地形图的轮廓线，然后将切割后的纸板粘结成三维地形图的方法。20 世纪 50 年代后，世界上陆续出现了几百个有关快速成形技术的专利。其中，Zang、Richard M. Meyer 和 Gaskin 先后于 1964 年、1970 年、1973 年提出了用一系列轮廓片形成三维地形模型的新方法（图 3-13）。Paul L. Dimatteo 在他 1976 年的美国专利（#3932923）中，进一步明确提出了先用轮廓跟踪器将三维物体转化为许多二维轮廓薄片，然后用激光切割使这些二维轮廓薄片成形（图 3-14），最后用螺钉、销钉等将二维轮廓薄片连接成三维物体的方法

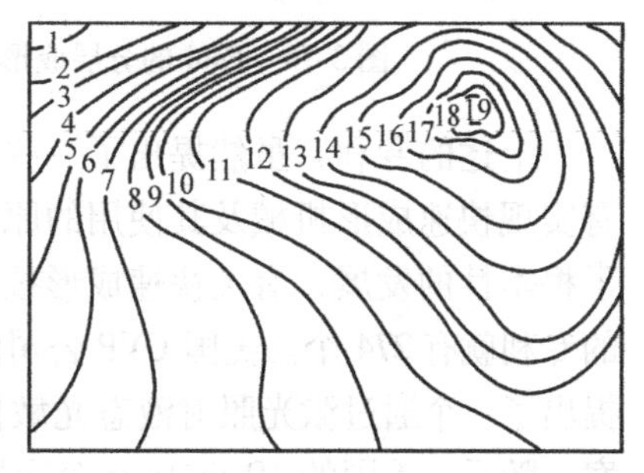

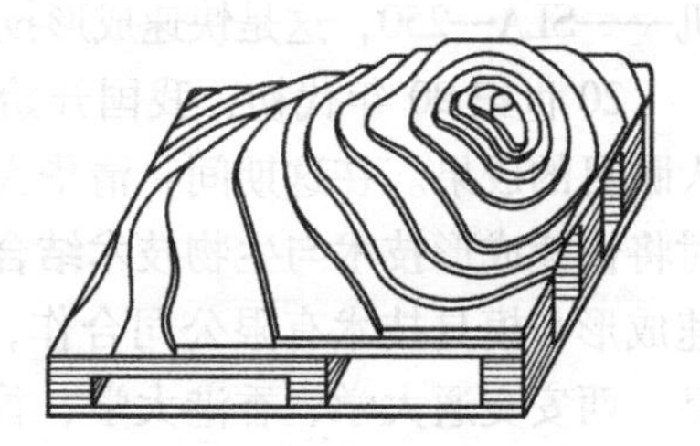

图 3-13　三维地形模型的制作

(图3-15)，这些方法与现代另一种快速成形技术——分层实体制造技术的原理极为相似。1979年，日本东京大学的Nakagawa教授，开始采用分层制造技术制作真实的模具，如落料模、压力机成形模和注塑模。

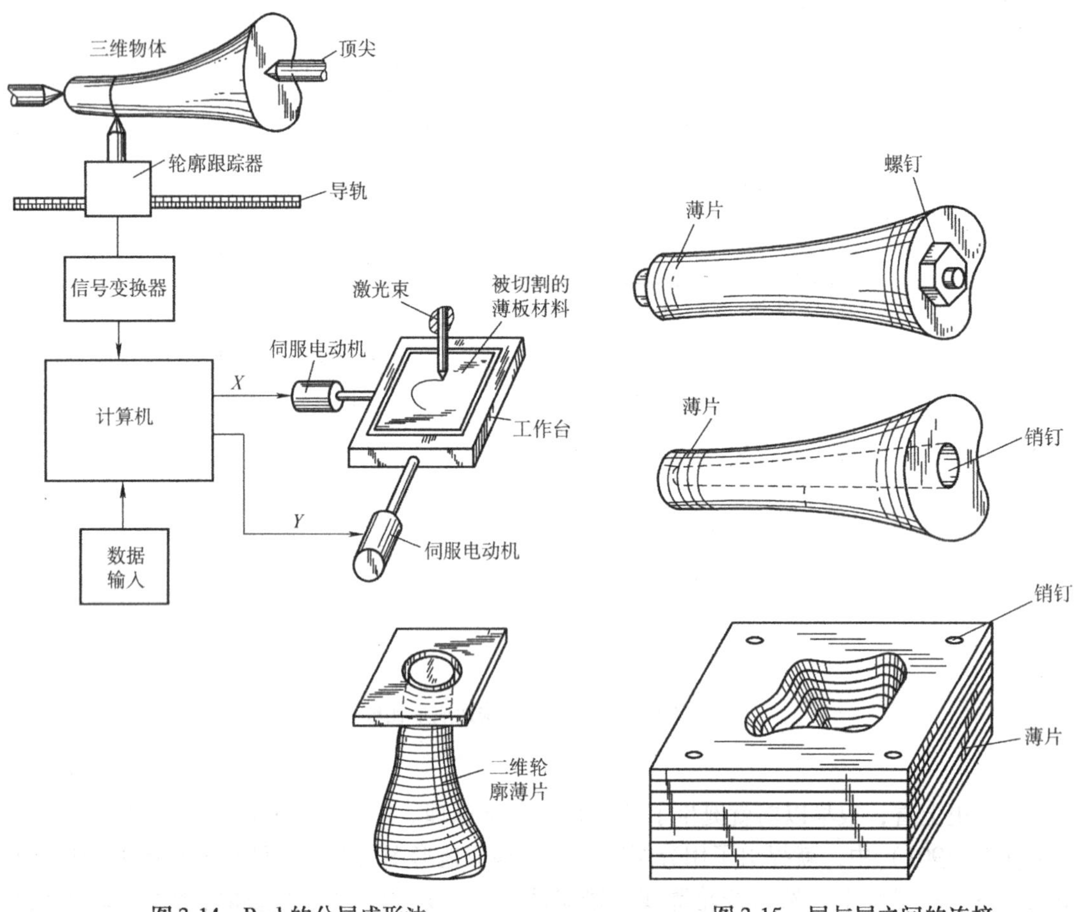

图3-14 Paul的分层成形法

图3-15 层与层之间的连接

上述的专利，虽然提出了一些快速成形技术的基本原理，但这些原理还很不完善，更没有实现快速成形机械及其使用的原材料的商品化。20世纪80年代末以后，快速成形技术有了根本性的发展，有关快速成形技术的专利出现得更多，仅在1986～1998年间，美国注册的专利就有274个。美国UVP公司的Charles W. Hull在他1986年的美国专利（#4575330）中，提出了一个通过激光照射液态光敏树脂，从而实现分层制作三维物体的现代快速成形机的方案。随后，美国的3D Systems公司据此专利，于1988年生产出了世界上第一台现代快速成形机——SLA—250，这是快速成形技术发展的一个里程碑，开创了快速成形技术发展的新纪元。

20世纪90年代初，我国开始进行有关快速成形技术的研究及开发，至今已经取得了令人瞩目的成果。在这期间，清华大学激光快速成形中心进行了多种快速成形技术的研究，同时将快速成形技术与生物技术结合，创造了许多新兴研究热点。该中心还与北京殷华激光快速成形与模具技术有限公司合作，推出了基于熔融挤压快速成形工艺的快速成形机系列产品。西安交通大学、香港大学、香港中文大学、香港科技大学、香港理工大学、南京航空航天大学、浙江大学等也相继开展了与快速成形技术相关的设备、材料和工艺的研究。

3. 快速成形技术的原理

快速成形技术是一种基于离散/堆积成形思想的新型成形技术，其原理如下：首先要用CAD软件设计出所需零件的计算机三维模型；然后根据工艺要求，将三维模型按一定的厚度进行离散（也可称为分层），从而将原来的三维模型转变为二维平面信息（即层面信息）；接着对分层后的信息进行处理（离散过程），并产生数控代码；最后，数控系统以平面加工的方式，有序地连续加工出每个薄层，并使它们自动粘接而成形（堆积过程）（图3-16）。利用快速成形技术，人们可以将一个复杂物理实体的三维加工离散成一系列的层片加工，即将整体制造转变为分层制造，这可大大降低加工难度。由于快速成形技术没有采用传统的加工机床和工模具，因此，它只需要传统加工方法10%～30%的工时和20%～35%的成本，就能直接制造出产品样品或模具。

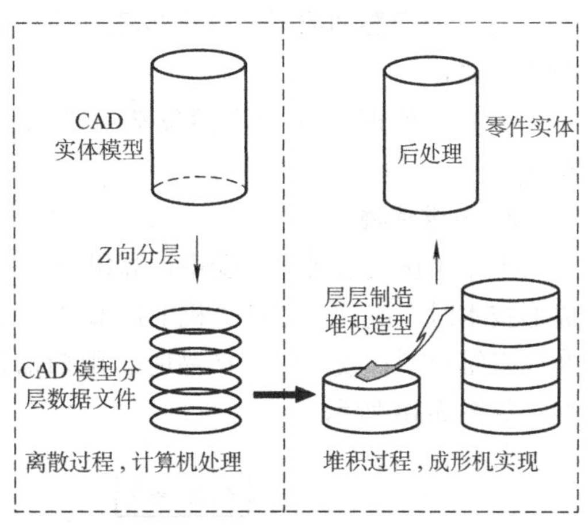

图3-16 快速成形技术的原理

4. 快速成形的过程

快速成形的全过程可以归纳为以下三个步骤（图3-17）。

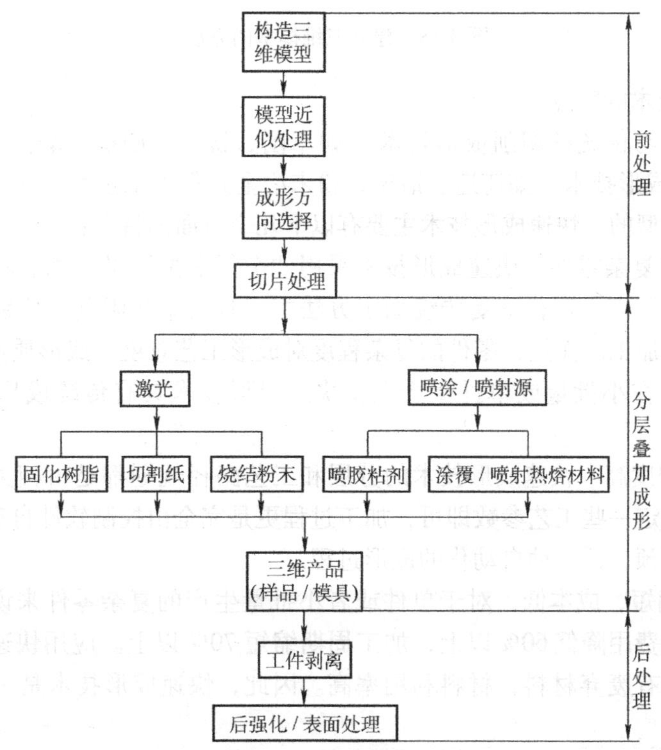

图3-17 快速成形的全过程

(1) 前处理　前处理包括工件三维模型的建立、三维模型的近似处理、三维模型成形方向的选择和三维模型的切片处理。

(2) 分层叠加成形　这个步骤是快速成形技术的核心，包括模型截面轮廓的制作与截面轮廓的叠合。

(3) 后处理　这个步骤包括工件的剥离、后强化、修补、打磨、抛光和表面强化处理等。

5. 三维建模

由于快速成形机只接受由计算机建立的工件三维模型（即立体图），因此，在应用快速成形技术时，应首先在计算机上用CAD软件设计出三维模型；或将已有产品的二维视图转换成三维模型；或在仿制产品时，用扫描机对已有的产品进行实体扫描，从而得到三维模型，如图3-18所示。

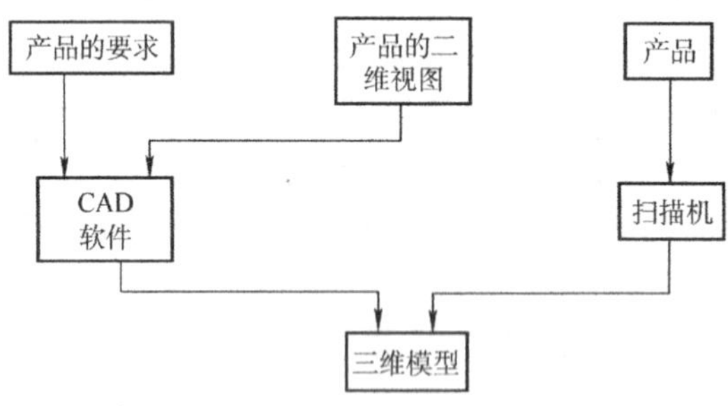

图3-18　建立三维模型的方法

6. 快速成形技术的特点

快速成形技术与传统的切削成形技术（如车削、铣削、刨削、磨削）、连接成形技术（如焊接）或受迫成形技术（如铸造、锻压、粉末冶金）等加工技术不同，它是采用材料累加法来制造零件原型的。快速成形技术主要有以下几个方面的特点：

(1) 适合加工复杂零件　快速成形技术采用“分层制造”的方法，将零件的三维成形化解为简单的二维平面成形，不受传统加工方法中刀具的某些限制，特别适合于形状复杂的、不规则零件的加工。而且，零件的复杂程度对成形工艺难度、成形质量、成形时间、制造成本影响不大。在小批量或单件生产上，快速成形技术具有传统成形技术所不具备的优势。

(2) 自动化程度高　快速成形技术的分层和工艺路径规划都是由相关的软件自动完成的，用户只需要设定一些工艺参数即可；加工过程更是完全由控制软件自动完成，用户无须干预或只需较少干预，是一种自动化的成形过程。

(3) 加工周期短，成本低　对于单件或者小批量生产的复杂零件来说，快速成形技术的应用，可使制造费用降低60%以上，加工周期缩短70%以上。应用快速成形技术制造零件时，设有或极少有废弃材料，材料利用率高。因此，快速成形技术是一种环保型的加工技术。

(4) 制造过程具有高柔性　快速成形技术是在计算机的控制下制造零件的加工技术。当零件改变时，工程技术人员无须重新设计、制造工艺设备和专用工具，只需修改CAD模型就可以加工出相应的零件。

（5）技术集成度高　快速成形技术是计算机技术、数控技术、激光技术与材料技术的综合集成。

（6）设计制造一体化　快速成形技术实现了计算机辅助设计和制造的一体化，零件由CAD模型直接驱动就可以进行加工，而且，任何零件的加工只需在一台设备上便可以完成。作为一种可视化的辅助工具，快速成形系统有助于企业减少在产品开发中失误的可能性。

（7）使用材料类型多　快速成形技术具有广泛的材料适应性，可选择材料的种类较多。树脂和塑料类高分子材料、金属粉末、陶瓷材料甚至纤维材料等均可用于快速成形。

（8）属非接触加工　在应用快速成形技术时，无须使用金属切削加工中所必备的刀具、夹具，而且在加工过程没有机械切削力，无振动、噪声。

（9）应用领域广泛　快速成形技术不仅在制造业的产品造型与模具设计制造领域有所应用，而且在工业设计、材料工程、医学、建筑工程、航空等领域均有广泛的应用。

7. 快速成形技术的应用

快速成形技术主要适合应用于新产品的开发、单件及小批量零件的制造、形状复杂零件（图3-19）的制造、模具的设计与制造，也适合应用于难加工材料的制造，产品外形设计检查、装配检验和反求工程等。自问世以来，该技术已经在发达国家的制造业中，特别是在机械、家电、轻工、汽车、建筑、航空、医疗等行业得到了广泛的应用。

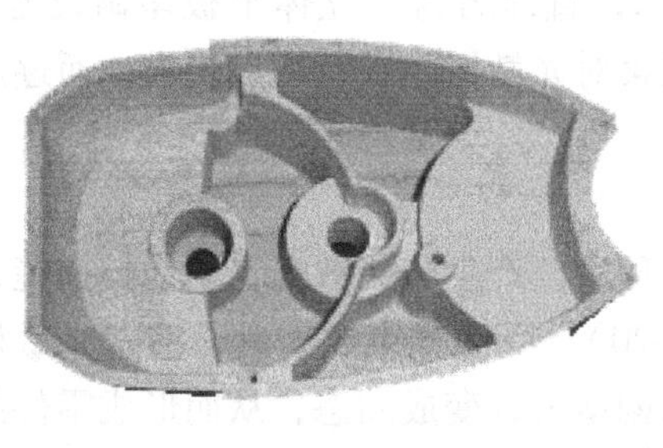

a)

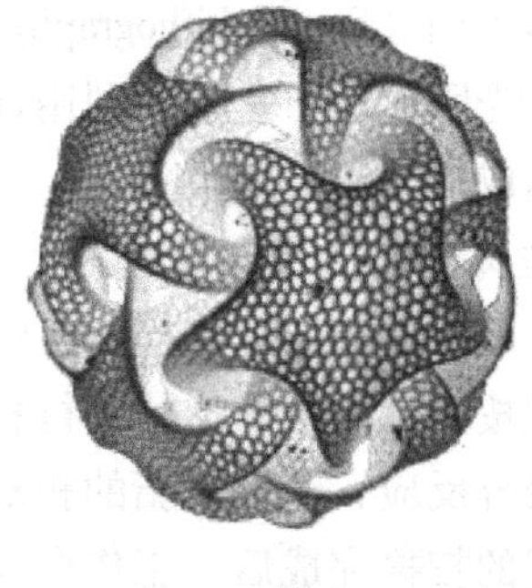

b)

图3-19　快速成形产品

a）端盖　b）工艺品

（1）用于产品设计评估与校审　快速成形技术可使产品的设计构想，得以快速、精确、经济地生成可触摸的物理实体。比起二维的设计图，产品的物理实体具有更好的直观性和启示性。因此，设计人员可以借助快速成形技术，更快也更容易地发现设计中的错误和不足。快速成形技术生成的物理实体还是设计部门与非设计部门之间进行交流的更好中介物。

（2）用于产品功能试验　在家电、通信等行业，当产品外壳对强度的要求并不高时，采用快速成形技术制造的样品完全可以用于功能测试。在快速成形技术的应用中，使用新型光敏树脂材料制成的模型具有足够的强度，可用于传热、流体力学试验；用某些特殊光敏树脂材料制成的模型，还具有光弹特性，可用于产品受载应力应变的试验分析。

（3）用作厂商与客户的交流手段　在国外，快速成形技术已经成为某些制造厂家争夺订单的有效手段，因为客户总是对产品实物而非设想或设计图样更感兴趣。

（4）用于快速模具制造　使用快速成形技术生成的实体模型，可用于制作模芯或模套。

结合精铸、粉末烧结或电极研磨等技术，应用模芯或模套可以快速制造出企业生产所需要的功能模具或工艺设备，其制造周期较之传统的切削方法可缩短30%～40%，成本可下降35%～70%。模具的几何形状越复杂，这种效益越显著。

（5）用于快速直接制造　快速成形技术可以直接制造出可用零件，如塑料、陶瓷、金属及各种复合材料零件。在航空航天等领域，由于其零件形状复杂、生产批量小和生产使用特种难加工材料的特点，所以采用快速成形技术直接制造出所需零件，不失为一种快速有效的方法。

（6）应用于医学、建筑等行业　根据CT（电子计算机X射线断层扫描技术）或MRI（核磁共振成像）的数据，应用快速成形技术可快速制造出人体的骨骼（如颅骨、牙齿）和软组织（如肾）等模型，还可以在模型的不同部位采用不同颜色的材料，如病变部位可以使用醒目颜色。这些人体器官模型，对帮助医生进行病情诊断和确定治疗方案极为有利。在康复工程上，快速成形技术还可用于制造假肢。

采用快速成形技术，工程技术人员可快速准确地将建筑设计模型制造出来。目前，快速成形技术已逐步应用于考古和三维地图的设计制作等领域。

二、立体光刻工艺

1. 立体光刻的概念

立体光刻（Stereo Lithography Apparatus，SLA，直译名为“立体平板印刷设备”）也称光造型、光固化法，是一种利用计算机控制激光束对光敏树脂进行逐点扫描，而逐层形成零件的快速成形方法。

2. 立体光刻的工作原理

由计算机建立的三维模型，经软件的分层处理后，产生分层数据，驱动扫描镜，以控制紫外激光按零件的层片形状进行扫描填充（图3-20）。受激光束照射后，液态光敏树脂表层会发生聚合反应，光敏树脂的相对分子质量会急剧增大，变成固态，从而形成零件的一个薄层。一层的扫描完成后，工作台会下降一个层厚的距离，树脂涂覆系统会在已固化的零件薄层表面涂覆一层新的液态光敏树脂，然后立体光刻设备会进行下一层的扫描，新形成的零件薄层会牢固地粘结在前一薄层上。零件薄层层层叠加，就会形成零件的三维实体。对于尺寸较大的零件，则可采用先分块成形，然后将各组块进行粘接的方法来制作。

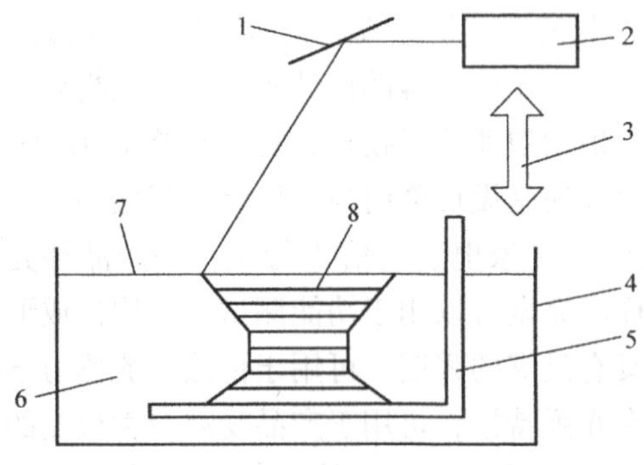

图3-20　SLA成形原理

1—扫描镜　2—激光器　3—Z轴升降台　4—树脂槽
5—托盘　6—光敏树脂　7—树脂表面　8—零件

3. 立体光刻工艺的特点

目前，立体光刻工艺是世界上研究最深入、技术最成熟、应用最广泛的快速成形技术。其主要特点有：

1）系统自动化程度高。立体光刻系统一旦开始工作，加工零件的全过程便会完全自动运行，无须专人看管，直到整个工艺过程结束。

2）零件的加工精度较高（可达到 ±0.1mm）、表面质量好（表面粗糙度 $Ra<6.3\mu m$），强度和硬度高。利用这种特点，立体光刻工艺能制造出形状特别复杂（如腔体）及特别精细（如首饰、工艺品）的零件，特别适合壳体零件的制造。

3）原材料利用率高，接近 100%。

4）需要设计工件的支撑结构，以确保成形过程中制作的每一个结构部位都能得到可靠定位。

5）液态光敏树脂固化时会伴随一定的收缩，这可能会导致零件的加工精度下降，甚至可能导致零件的变形。

6）固化后的液态光敏树脂较脆，易断裂，可加工性不好，抗腐蚀能力不强，而且，光敏树脂具有一定的毒性。

7）在加工过程中，激光器会有损耗；加工所必需的液态光敏树脂价格昂贵，而且加工设备的维护和日常使用费用很高。

三、选择性激光烧结工艺

1. 选择性激光烧结的概念

选择性激光烧结（Selective Laser Sintering，SLS）又叫激光选区烧结，是采用 CO_2 激光器对粉末材料（塑料粉、陶瓷与黏合剂的混合粉、金属与黏合剂的混合粉等）进行选择性烧结的工艺，是一种由离散点一层层堆积成三维实体的工艺方法。该工艺最早由美国德克萨斯大学奥斯汀分校的 C. R. Dechard 于 1989 年研制成功，并由 DTM 公司商品化，推出了 SLS Modell25 成形机。

2. 选择性激光烧结的工作原理

选择性激光烧结的工作原理与立体光刻十分相像，主要区别是立体光刻所用的材料是液态的紫外光敏树脂，而选择性激光烧结使用的是粉状材料。粉状材料的使用是该技术的优点之一，因为理论上任何可熔的粉状材料都可以用来制造模型，制造出的模型可用作实际使用的零件，也可是用于失蜡铸造的蜡型。目前，可用于选择性激光烧结技术的材料包括尼龙粉、覆裹尼龙的玻璃粉、聚碳酸脂粉、聚酰胺粉、蜡粉、金属粉（成形后常需进行再烧结及渗铜处理）、覆裹热凝树脂的细沙、覆蜡陶瓷粉和覆蜡金属粉等。

应用选择性激光烧结工艺时，首先要将充有氮气的工作室升温，然后采用激光束对预热到稍低于其熔点温度的粉状材料进行分层扫描（图 3-21），受到激光束照射的粉状材料即可被烧结（熔化后再固化）。当一个层扫描烧结完毕后，工作台会下降一个层厚的距离。铺粉装置会在已扫描烧结完毕的层上面铺上一层均匀密实的粉状材料，这样层层叠加直至完成整个模型的制造，再将多余的粉状材料去除。

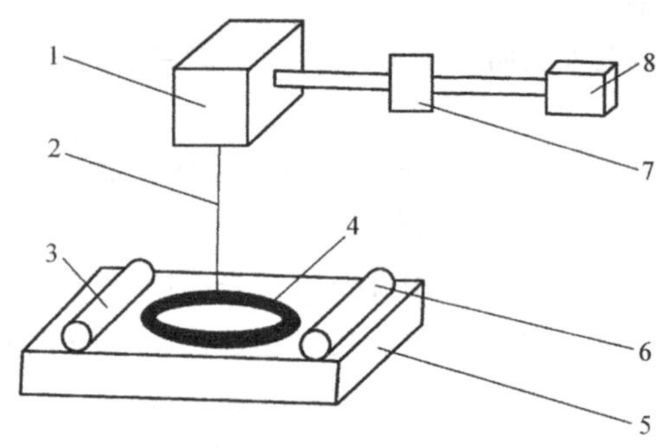

图 3-21 SLS 成形原理

1—扫描镜 2—激光束 3—铺粉装置 4—零件

5—Z 轴升降台 6—刮平辊子 7—透镜 8—激光器

3. 选择性激光烧结工艺的特点

1）在造型过程中，未经烧结的粉状材料会对模型的空腔和悬臂等起支撑作用，加工过程中，用户不必像立体光刻工艺那样另行设计工艺结构，因此，它可加工出结构复杂的零件。

2）与其他工艺相比，利用选择性激光烧结工艺加工出的零件力学性能好，强度高。

3）选择性激光烧结工艺可加工的材料范围广，使用该工艺不仅能加工出塑料零件，还能加工出原材料为陶瓷、蜡等材料的零件，特别是可以加工出金属零件。

4）应用范围广，制造周期短，运行费用居中。

5）粉状材料的物理特性（如粒度、相对密度、热膨胀系数以及流动性等），对成形件缺陷的形成、精度和粗糙度具有重要影响，可能会导致成形件孔隙的增加和抗拉强度的降低。

6）激光和烧结工艺参数（如激光功率、扫描速度和方向及间距、烧结温度、烧结时间以及层厚度等），对层与层之间的粘接、烧结体的形变都会产生影响。另外，Z 轴（即垂直方向）精度难以控制。

7）因粉状材料较松散，故烧结后精度不高。

四、熔融沉积成形工艺

1. 熔融沉积成形的概念

熔融沉积成形（Fused Deposition Modeling，FDM，直译名为“熔积成型”）是将线状材料液化后，通过喷嘴的喷射将其逐层沉积成形状复杂的成形件的成形工艺。该工艺最早由美国学者 Scott Crump 于 1988 年研制开发出来，由 Stratasys 公司将其推向市场。熔融沉积成形通常使用热熔性材料，如蜡、ABS（聚苯乙烯）、尼龙等。

2. 熔融沉积成形的工作原理

进行熔融沉积成形时，首先将丝状的热熔性材料加热熔化，然后将熔化的材料通过带有一个微细喷嘴的喷头喷射出来（图 3-22），并使喷头沿零件轮廓和填充轨迹运动。如果热熔性材料的温度始终稍高于其固化温度，而成形部分的温度稍低于其固化温度，这样就保证了热熔性材料喷出喷嘴后，能够随即与前一个层面熔结在一起。一个层面沉积完成后，工作台会下降一个层厚的距离，成形设备会再次进行熔喷沉积过程，直至完成整个成形件的加工。

对有空腔和悬臂结构的成形件，加工过程中必须要添加支撑结构。目前，相关控制软件可以根据成形件的摆放方向和工艺参数自动生成支撑结构。加工过程中，支撑结构与零件本体一同加工，加工完成后去除支撑结构即可。最新的熔融沉积工艺已发展到双喷头技术，即采用两种材料分别作为本体材料和支撑材料，通过不同的喷头熔融挤出，这种技术可以使支撑结构更易去除，使加工出的成形件表面质量更好。

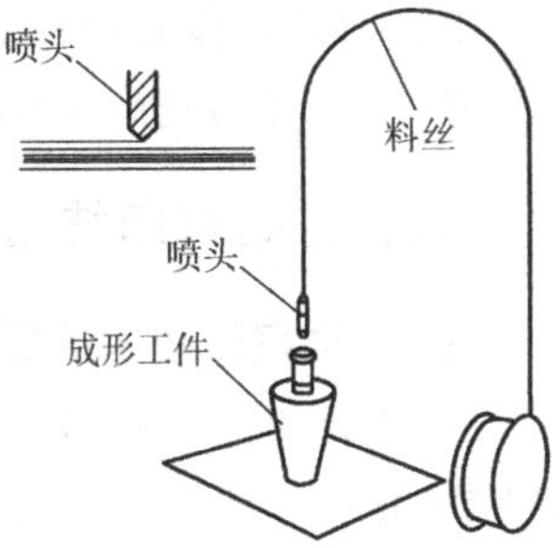

图 3-22　熔融沉积成形原理

3. 熔融沉积成形的特点

1）成形材料的来源广，材料利用率高，原材料便宜，运行费用较低。

2）成形件的力学性能好、强度高。

3）不用激光器件，使用、维护简单，成本较低。

4）干净、安全、可靠，在办公室环境中即可操作。

5）需对整个截面进行扫描涂覆，成形时间较长，成形精度不高，不适合制作复杂精细结构的零件。

五、喷墨打印成形

1. 喷墨打印成形的概念

喷墨打印成形（Ink Jet Printing，IJP）又称立体喷墨印刷，是将待成形的陶瓷粉与各种有机物配制成的陶瓷墨水，通过打印机打印到成形平面上进行成形，如图 3-23 所示。

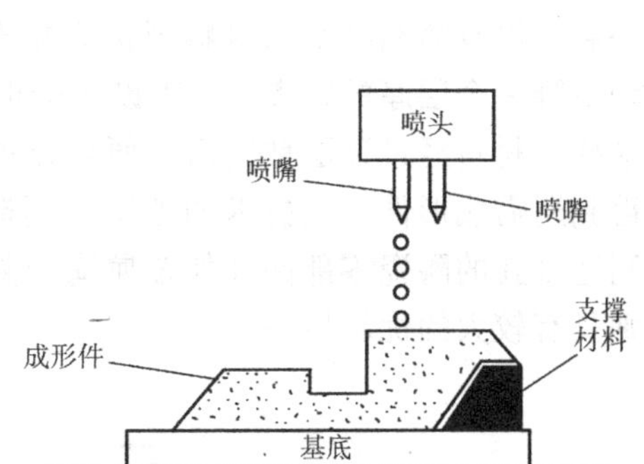

图 3-23　IJP 成形原理

2. 喷墨打印成形的工作原理

喷墨打印成形的工作原理与熔融沉积成形十分相似，其采用喷墨打印的原理，将墨水由打印头喷出，逐层堆积而形成一个三维实体。为了支持空腔和悬臂结构，加工过程中必须使用两种墨水，一种用于支持空腔和悬臂结构，另一种则用于实体造型。

目前，喷墨打印成形技术的应用，可以通过采用连续式喷墨打印机或间歇式喷墨打印机来实现。连续式喷墨打印机具有较高的成形效率，而间歇式喷墨打印机则具有较高的墨水利用率，而且可以方便地实现对陶瓷部件成分的逐点控制。

Edirisinghe 等开发了直接陶瓷喷墨成形（Direct Ceramic Ink Jet Printing，DCIJP）。最初，陶瓷墨水的固相含量仅为体积分数的 5% 左右。后来，Seerden 等将石蜡作为介质加入到氧化铝粉中，得到的墨水的固相含量达到了体积分数的 20%。墨水的固相含量越高，成形的陶瓷制品结构越致密，但与此同时，墨水的粘度也就越大，不利于喷嘴的喷射，因而需要在墨水中加入稀释剂，而用加入稀释剂的墨水打印出的成形体，又会出现干燥及孔隙的问题。今后，喷墨打印成形的研究方向是合理选用稀释剂，尽可能增加墨水中陶瓷粉等固体的体积分数，同时增加溶剂挥发性，控制成形件干燥过程。

3. 喷墨打印成形的特点

1）非常精细，可以在实体上加工出小至 0.1mm 的孔。

2）对环境没有特殊要求，喷墨打印机可安装在办公室内的计算机旁边。

3）没有激光源，喷墨打印机价格便宜，使用方便。

六、三维打印技术

1. 三维打印技术的概念

三维打印（Three-Dimensional Printing，TDP）技术又称粉状材料选择性粘结工艺，是利用喷嘴有选择地喷射粘结剂，使部分粉末逐层粘结以形成成形件的一种快速成形技术。该技术是美国麻省理工学院 Emanual Sachs 等人研制的，已被美国的 Soligen 公司以 DSPC（Direct Shell Production Casting）名义商品化，用以制造铸造用的陶瓷壳体和芯子。

2. 三维打印技术的工作原理

三维打印技术的工作原理与选择性激光烧结十分相像，都是使用粉状材料，主要区别在于选择性激光烧结是用激光烧结成形，而三维打印技术则采用了类似于喷墨打印机的技术。加工过程中，喷头在每一层铺好的粉末材料上，依照计算机对三维模型进行分层处理后所定义出来的轮廓，有选择地喷射粘结剂（图 3-24）。喷有粘结剂的材料便粘结在一起，没有喷粘结剂的材料则仍为粉末。当加工设备完成一层的粘结后，加工平台会自动下降一个层厚的距离，加工设备会再铺好一层粉状材料，对这一层材料进行粘结加工。这样，材料经过逐层粘结后，便可以得到一个空间实体，除去粉末后对其进行烧结即可得到所需成形件。该技术如被用来制造致密的陶瓷零部件，则会遇到较大的难度，但在制造多孔的陶瓷零部件（如金属陶瓷复合材料的多孔坯体或陶瓷模具等）方面，该技术则具有较大的优越性。

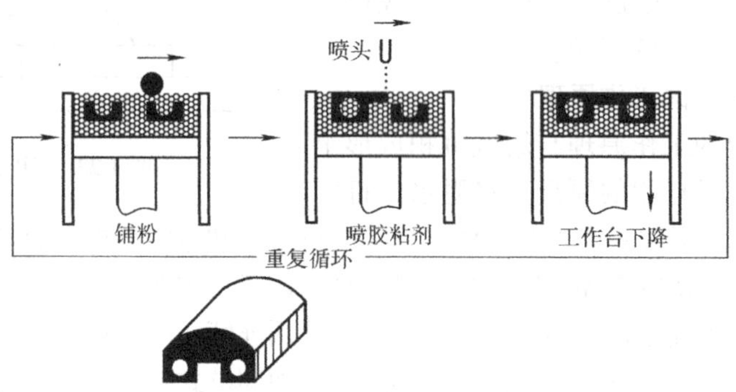

图 3-24 三维打印成形原理

3. 三维打印技术的特点

1）操作简单，成形速度快，成形设备便宜。

2）可在办公室内使用，对环境无特殊要求。

3）烧结后的成形件具有良好的力学性能。

4）成形件的加工精度相对较低，表面粗糙度受制于粉末颗粒的大小，表面质量不高。

5）成形件的尺寸还不够大。

6）工艺上还有待改进和完善。

七、固基光敏液相法

1. 固基光敏液相法的概念

固基光敏液相法（Solid Ground Curing，SGC）又称掩膜固化法，是利用电子成像系统逐层生成成形件的一种快速成形方法。该成形技术由以色列的 CUBITAL 公司开发。

2. 固基光敏液相法的工作原理

固基光敏液相法的工作原理是，在进行成形加工时，首先由电子成像系统通过曝光和高压充电（图 3-25），在一块特殊玻璃上产生与三维模型薄层截面形状一致的静电潜像，并吸附上碳粉；然后以此为“底片”，采用紫外光束对涂敷有一薄层光敏树脂的基面进行曝光，形成与截面形状一致的硬化层；将多余的液态树脂吸走后，再用石蜡填充截面中的空缺部分，用铣刀将截面铣平，完成这个截面的加工，然后再进行下一个截面的涂敷与固化，直至完成整个成形件的制造。

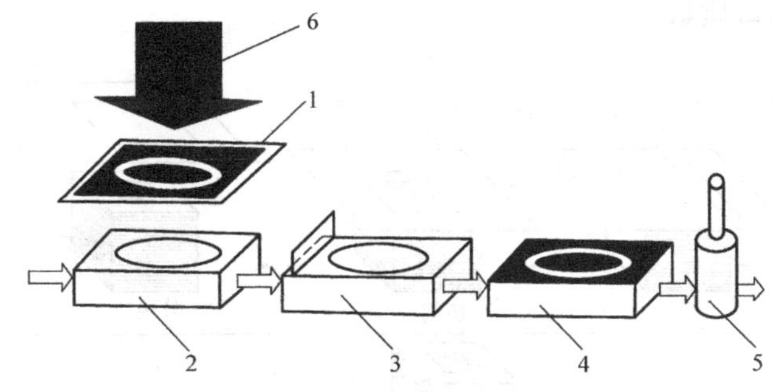

图 3-25 SGC 成形原理

1—电子成像系统 2—紫外光固化 3—吸附清除
4—石蜡填充 5—铣削 6—紫外光源

3. 固基光敏液相法的特点

1）对光敏树脂进行截面曝光，单层成形时间基本一致，因此成形效率较高，尤其是加工大尺寸零件时，高成形效率的特点更为显著。

2）成形过程中不需设计支撑结构。

3）由于每一层截面均经过铣削，故加工过程中光敏树脂的收缩变形不会影响零件的最终尺寸精度。

4）树脂和石蜡浪费较大，且工序复杂。

八、分层实体制造工艺

1. 分层实体制造的概念

分层实体制造（Laminated Object Manufacturing，LOM，直译名为“分层物体制造”）也称叠层实体制造，是用激光将薄膜材料逐层切割成所需形状，然后叠加在一起的成形方法。该工艺最早由美国 Helisys 公司的 Michael Feygin 于 1986 年研制成功，并于 1990 年前后成功开发了第一台商业机型 LOM-1015。经过 20 余年的发展，目前，该项技术已经走到了尽头，国外已基本淘汰了该项技术。

2. 分层实体制造的工作原理

在进行分层实体制造时，只需将特殊的箔材一层一层地堆叠起来，激光束只需扫描和切割每一层的边沿即可（图3-26），而不必像立体光刻工艺那样，要对整个表面层进行扫描。目前，进行分层实体制造最常用的箔材是一种在一个面上涂布了热熔树脂胶的纸。在分层实体制造成形机器里，箔材从一个供料卷筒拉出，胶面朝下平整地经过造型平台，由位于另一方的收料卷筒收卷起来。每敷覆一层纸后，热压辊就会对纸的背面进行粘压，将其粘合在造型平台或前一层纸上。经过这样的处理后，经准确聚焦的激光束便开始沿着当前层的轮廓进行切割，并可以刚好切穿一层纸的厚度。与此同时，成形件四周和内腔的纸被激光束切割成细小的碎片，以便后期处理时这些材料的去除。同时，在成形过程中保留这些碎片，可以对成形件的空腔和悬臂进行支撑。一个薄层加工完成后，工作平台会下降一个层厚的距离，箔材的四周剩余部分被收料卷筒卷起，拉动连续的箔材进行下一个层的敷覆，如此周而复始，直至加工出整个成形件。分层实体制造的关键是控制激光的光强和切割速度，使它们达到最佳配合，以便保证切口质量。

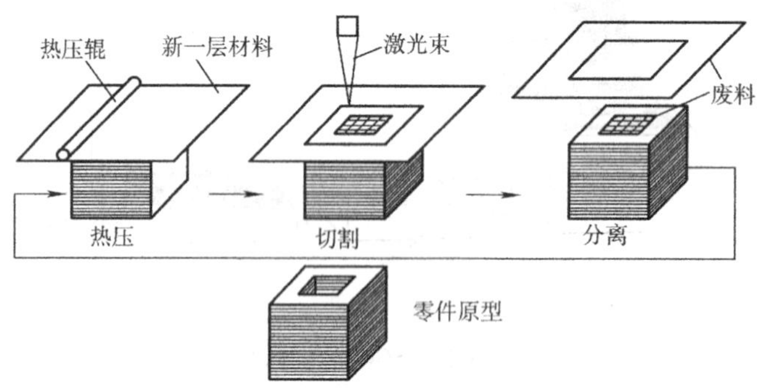

图3-26 分层实体制造成形原理

分层实体制造工艺的后处理加工，包括去除成形件四周和空腔内的碎纸片，必要的时候还可以通过加工来去除成形件表面的台阶纹。

目前，用于分层实体制造技术的箔材主要有涂覆纸、覆膜塑料、覆蜡陶瓷箔、覆膜金属箔等。

3. 分层实体制造的特点

1）工作可靠；成形件支撑性好，加工过程中不需要制作支撑结构；成形件强度相当于优质木材的强度，可以进行机加工、打磨、抛光、绘制、加涂层等各种形式的加工。

2）激光只作轮廓扫描，而不需填充扫描，故成形效率高，适合制作大件及实体件。

3）成形过程中无相变且残余应力小，适合加工较大尺寸的复杂成形件。

4）成形精度较高（公差小于0.15mm）。

5）激光器有损耗，材料利用率很低，可用材料的范围较窄，运行费用较高。

6）每层厚度不可调整，每层轮廓被激光切割后会留下燃烧的灰烬，表面质量相对较差，且燃烧时有较大的烟雾，当加工室的温度过高时容易发生火灾。

7）不适宜做薄壁成形件，成形件表面比较粗糙，有明显的台阶纹，成形后要进行打磨。

8）成形件强度差，缺少弹性，易吸湿膨胀，成形后要尽快进行表面防潮处理。

第六节　数控技术

机床是人类进行生产劳动的重要工具，也是一个社会生产力发展水平的重要标志。普通机床经历了近两百年的发展历史，随着电子技术、计算机技术、自动化技术、精密机械与测量等技术的发展与综合应用，世界上产生了机电一体化的新型机床——数控机床。数控机床一经使用就显示出了其独特的优越性和强大的生命力，使原来不能解决的许多问题，都找到了科学解决的途径。有人曾总结说20世纪中人类社会最伟大的科技成果是计算机的发明与应用，而计算机及控制技术在机械制造设备中的应用，则是20世纪制造业取得的最重大的技术进步。由此可见数控技术在现代制造技术中的地位。

一、数控技术的概念

数字控制（Numerical Control，NC）技术，简称数控技术，指用数字化信号（记录在媒介上的数字信息及数字指令）对设备运行和加工过程进行控制的一种自动控制技术。

采用数控技术的控制系统称为数控系统。数控机床（图3-27）就是采用了数控技术的机床，或者说是装备了数控系统的机床。

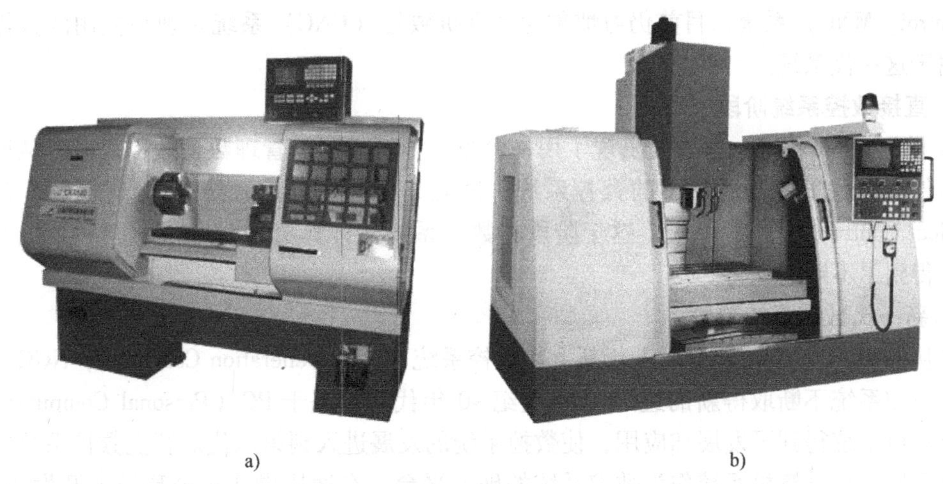

a)　b)

图3-27　数控机床

a）数控车床　b）数控铣床

二、数控技术的发展历程

自从1952年世界上第一台数控机床由美国麻省理工学院研制成功后，数控技术的发展经历了以下阶段：

1. 数控系统阶段

早期的数控装置使用的电子元件为电子管，这是第一代数控系统，其发展与应用的时间段为1952~1959年。

1959年晶体管出现后，数控系统开始采用晶体管和印刷电路板，这是第二代数控系统，其发展与应用的时间段为1959～1964年。1959年3月，美国克耐·杜列克公司（Keaney & Trecker）发明了带有自动换刀装置的数控机床，称为“加工中心”。

1965年后小规模集成电路出现了，由于它体积小，功耗低，使数控系统的可靠性大大提高了，这是第三代数控系统，其发展与应用的时间段为1965～1970年。

以上三代数控系统均属于数控技术发展的第一阶段。这一阶段由于计算机的运算速度低，还不能满足机床实时控制的要求，所以只能采用由数字逻辑电路制成的专用计算机作为机床数控系统，称为数字控制系统，简称数控（NC）系统。

2. 计算机数值控制系统阶段

从1970年到现在属于数控系统的第二发展阶段，其数控功能主要通过软件来实现。随着计算机硬件软件的发展，数控系统也在不断升级。

第四代数控系统是通过采用大规模集成电路的小型通用计算机来实现控制的系统，其发展与应用的时间段为1970～1974年。这一代数控系统是用小型计算机代替专用硬接线装置，以控制软件来实现数控功能的计算机数控（Computer Numerical Control，CNC）系统。

第五代数控系统是自1974年开始采用的微型计算机控制系统。以微处理器为核心的数控系统的使用，真正解决了之前的数控机床可靠性低、价格高和应用不方便等棘手问题，使数控机床真正进入实用阶段，得到了广泛的应用，这就是微机数控（Micro-computer Numerical Control，MNC）系统，目前仍习惯称为计算机数控（CNC）系统。现在使用的数控系统大多属于这一代系统。

3. 直接数控系统阶段

20世纪60年代末，世界上出现了用一台主计算机控制与管理数台数控机床，从而进行多种零件、多种工序自动加工的数控系统。这就是计算机群控系统，即直接数控（Direct Numerical Control，DNC）系统。这个阶段的数控系统在计算机实时通信功能和人机界面功能上，得到了不断的完善。

4. 新一代数控系统阶段

自从1987年美国政府资助进行新一代数控系统（Next Generation Controller，NGC）项目以来，数控系统不断取得新的进展。20世纪90年代后，基于PC（Personal Computer）-NC的智能数控系统得到了发展和应用，使数控系统的发展进入到第六代。智能数控系统的显著特点是采用微型计算机系统作为数控系统的硬件平台，在通用操作系统环境下开发和运行，数控功能全部通过软件来实现，因此其柔性更大，操作界面更加宜人，体积更小，成本更低。

目前的数控技术采用开放结构，具有模块化、可重新配置的特点，能根据用户的特殊需求进行配置。它的内涵可以扩展，可以融入其他的控制技术，也可以作为单项控制技术融入到工厂的自动化系统中。数控技术的这些发展，使数控系统从早期仅仅只能解决单机柔性自动化加工问题，发展到目前能满足现代生产系统和控制系统配置需要的系统级控制器。

三、数控加工的特点

与常规加工相比，数控加工具有如下的特点：

1. 自动化程度高，劳动强度降低

数控机床对工件的加工是按事先编制好的程序自动完成的，加工过程中不需要人的干预，加工完毕后自动停止，这可以使操作者的劳动强度降低，改善了劳动条件。

2. 加工精度高，产品质量稳定

数控机床能达到很高的加工精度，且加工时不受零件形状复杂程度的影响，这可以在加工中消除操作者的人为误差，提高同批零件尺寸的一致性，从而使产品质量保持稳定。

3. 对加工对象的适应性强

加工程序指数控机床上用以实现自动加工的控制信息。在进行数控加工时，当加工对象改变后，除了相应更换刀具和改变工件装夹方式外，操作者只需重新编写并输入该零件的加工程序，机床便可自动加工出新的零件，而不必对机床做任何复杂的调整。这就缩短了生产准备周期，为新产品的研制开发及产品的改进、改型提供了捷径。

4. 生产效率高

数控机床的加工效率高，这一方面是由于其自动化程度高，在一次装夹中能完成较多表面的加工，省去了划线、多次装夹、检测等工序；另一方面是因为数控机床的运动速度高，空行程时间短。

5. 有利于生产管理信息化

数控机床按数控加工程序自动进行加工，可以精确计算加工工时、预测生产周期；同时还具有所用工艺装备简单的特点，采用的刀具已标准化，有效地简化了检验工装夹具和半成品的管理工作，这都有利于实现生产管理的现代化。数控机床使用数字信息作为控制信息，易于与CAD系统连接，形成CAD/CAM一体化系统，从而有利于实现生产管理的信息化，为企业制造信息化建设奠定了基础。

6. 数控加工的弊端

数控机床价格昂贵，加工成本高；技术复杂，对工艺和程序编制要求较高；加工中难以调整；且维修困难。

四、数控机床的分类

数控机床从诞生到今天，已发展成品种齐全、规格繁多的能满足现代化生产要求的主流机床。目前，人们在对数控机床进行分类时，常采用下列几种分类方法。

1. 按工艺用途分类

（1）普通数控机床　普通数控机床还可以进行进一步细分，分类方法与普通机床分类方法一样，可分为：数控车床、数控铣床、数控钻床、数控磨床等。

（2）数控加工中心　数控加工中心是在普通数控机床上，加装刀库和自动换刀装置而组成的数控机床，它可在工件一次装夹后进行多种工序加工。

（3）金属成形及特种加工数控机床　这类机床指金属切削类以外的数控机床，如数控线切割机床、数控电火花加工机床、数控激光切割机床、数控冲床等。

2. 按运动方式分类

（1）点位控制数控机床　这类数控系统只控制刀具从一点到另一点的准确定位，在坐标运动过程中不进行加工，对刀具的运动轨迹没有要求。这类机床主要有数控钻床、数控坐标镗床、数控冲床等。图3-28a为数控钻床加工示意图。

（2）直线控制数控机床　这类数控系统控制机床工作台或刀具以要求的进给速度，沿着平行于坐标轴的方向（一般还包括与坐标轴成45°角的斜线方向），进行直线移动和切削加工。

简易数控车床、数控镗铣床等机床就属于此类机床。图3-28b为数控铣床加工示意图。

（3）轮廓控制数控机床　这类数控系统能对两个或两个以上运动坐标的位移及速度进行联动控制，使合成的运动轨迹能满足加工的要求。这类机床主要有数控车床、数控铣床等。图3-28c为轮廓控制加工示意图。

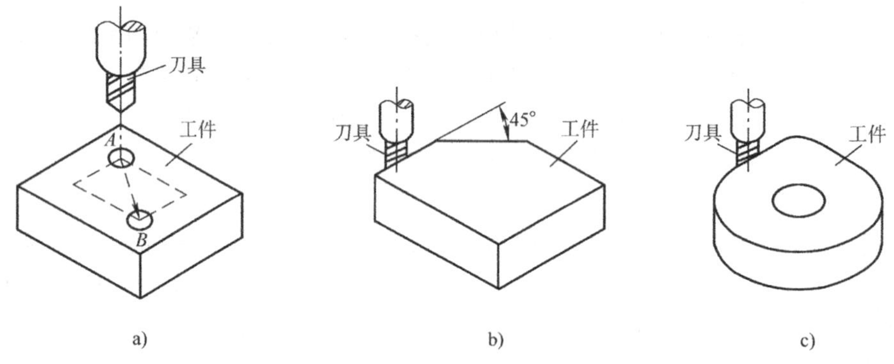

图3-28　控制运动方式

a）点位控制　b）直线控制　c）轮廓控制

3. 按伺服系统的控制方式分类

（1）开环控制数控机床　具备开环控制系统的数控机床没有位置检测装置，只按照数控装置的指令脉冲进行工作，对移动部件的实际位移不进行检测和反馈，如图3-29所示。这种系统结构简单、调试方便、价格低廉、易于维修，但精度较低，多用于经济型数控机床上。

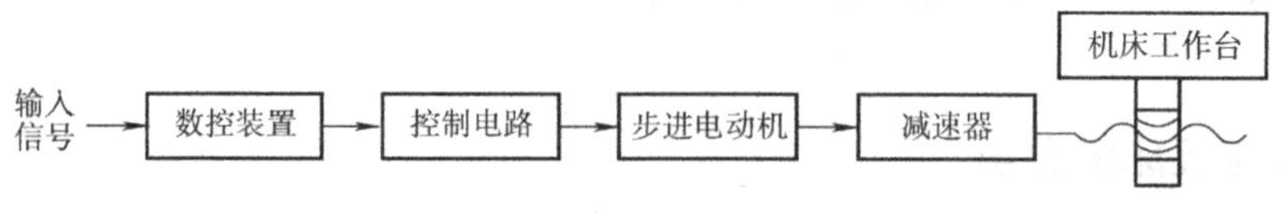

图3-29　开环控制系统

（2）闭环控制数控机床　具备闭环控制系统的数控机床在机床移动部件上装有位置检测元件，在加工过程中，位置检测装置随时将测量到的位移量反馈给数控装置的比较器，与输入指令进行比较，用差值来控制运动部件，使其严格按实际需要的位移量运动，如图3-30所示。具备这种系统的数控机床加工精度高、移动速度快，但安装调试比较复杂，且位置检测装置造价较高，所以多用于高精度数控机床和大型数控机床上。

（3）半闭环控制数控机床　与闭环控制数控机床不同，半闭环控制数控机床不是对工作台的实际位置进行检查测量，而是用安装在进给丝杠轴端或电动机轴端的角位移测量元件，来测量进给丝杠或电动机轴的旋转角位移，以代替测量工作台的直线位移，如图3-30所示。这种测量装置简单，安装调试方便，并具有良好的系统稳定性。半闭环控制数控机床可以获得比开环控制数控机床更高的加工精度，但它的位移精度比闭环控制数控机床要低，多为中档数控机床。

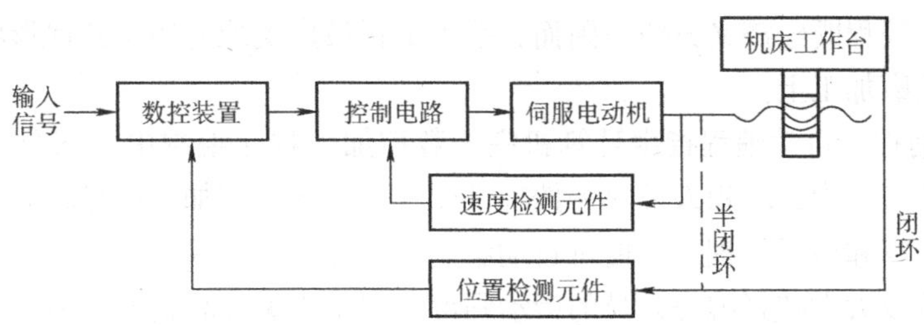

图 3-30 闭环控制系统和半闭环控制系统

五、数控加工编程

数控机床与普通机床最明显的区别，是数控机床可以按事先编制的加工程序自动地对工件进行加工，而普通机床的整个加工过程必须通过技术工人的手工操作来完成，图 3-31 形象地说明了这两者的主要区别。

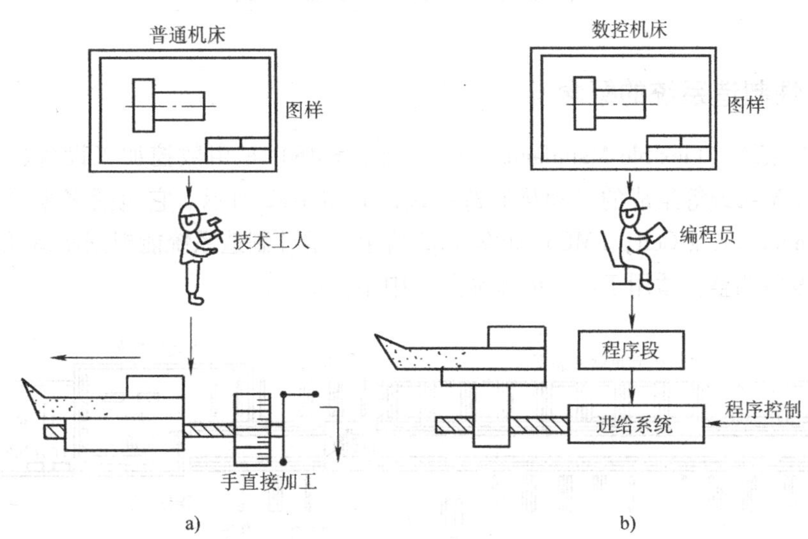

图 3-31 普通机床加工与数控机床加工的区别

a）普通机床加工 b）数控机床加工

1. 数控加工编程的概念

数控加工编程指在数控机床上加工零件时，编程员根据零件图的要求，将零件加工的工艺过程、工艺参数、刀具位移量及位移方向、其他辅助动作（刀具选择、切削液开关、工件夹紧等），按运动顺序、所用数控系统规定的坐标系、指令代码及程序格式编成加工程序单，经校核、试切无误后，制备在可存储的介质（称控制介质）上，然后再由相应的阅读器将程序输入数控装置中，从而控制数控机床运行的工作过程。

理想的数控加工程序，不仅应保证加工出符合图样要求的合格零件，而且应能使数控机床的效能得到合理的应用和充分的发挥。

2. 数控加工编程的方法

（1）手工编程 手工编程指主要由人工来完成数控加工程序编制的编程方法。对于几何形状不太复杂的零件，由于其所需要的加工程序不长，计算也比较简单，出错机会较少，所以这时用手工编程既经济又方便。因而，手工编程被广泛地应用于几何形状简单工件的点位加工及平面轮廓加工上。

（2）自动编程　自动编程指由计算机完成数控加工程序编制中大部分或全部工作的编程方法。在自动编程中，编程人员只需按零件图样的要求，将加工信息输入到计算机中，计算机进行数值计算和后置处理后，便可自动编制出零件加工程序单。

自动编程可以大大减轻编程人员的劳动强度，与手工编程相比，其将编程效率提高了几十倍甚至上百倍，同时解决了手工编程无法解决的复杂零件的编程难题。自动编程是提高编程质量和效率的有效手段，有时甚至是实现某些零件加工程序编制的唯一手段。因此，除了少数情况下可以采用手工编程外，其余的数控加工都应采用自动编程。但是，手工编程是自动编程的基础，自动编程中的许多核心经验，都来源于手工编程。所以，对于数控编程的初学者来说，仍应从学习手工编程入手。

第七节　柔性制造系统

一、柔性制造系统的概念

柔性制造系统（Flexible Manufacturing System，FMS）是由数控加工设备、物流储运装置和计算机控制系统等组成的自动化制造系统，如图3-32所示。它包括多个柔性制造单元（Flexible Manufacturing Cell，FMC）如图3-33所示。柔性制造系统能根据制造任务或生产环境变化迅速做出调整，适用于产品的多品种、中小批量生产。

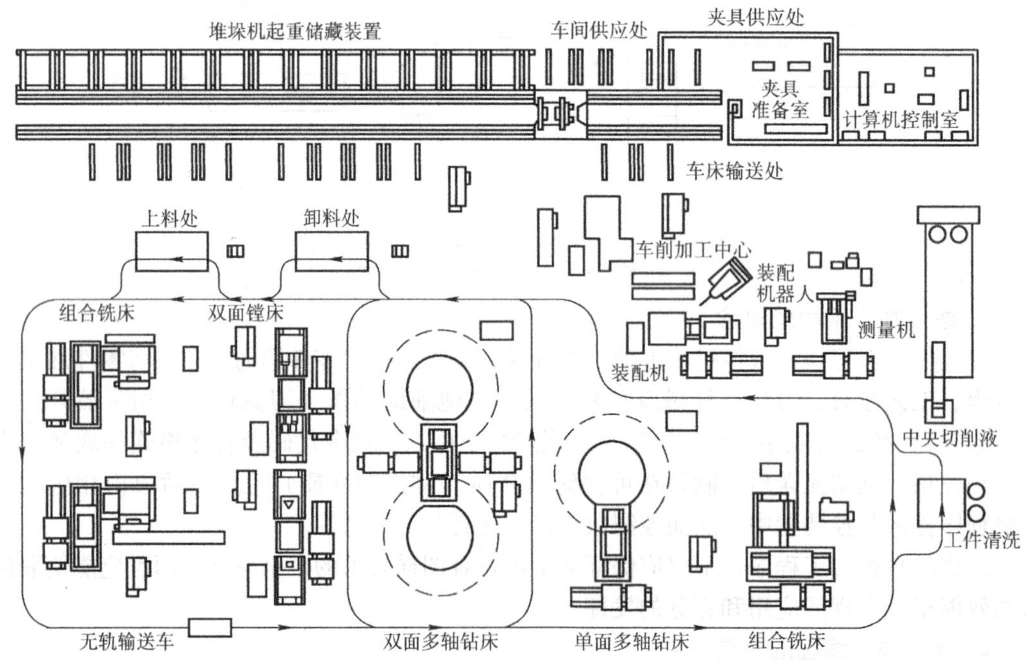

图3-32　柔性制造系统

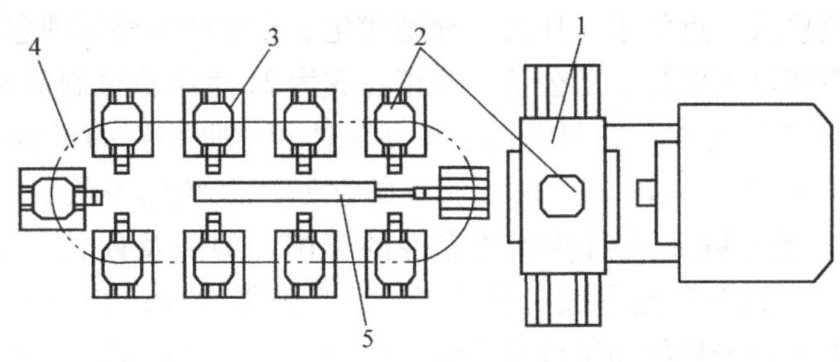

图 3-33 柔性制造单元

1—加工中心机床 2—托盘 3—托盘站 4—环形工作台 5—工件交换台

柔性制造系统本质上是由许多柔性制造单元结合成的一个大规模的、高柔性的、制造一个新产品需要较少劳动力和时间的、能为多品种中小批量生产提供高效率生产模式的、可降低生产成本的制造系统。柔性制造系统的柔性可以从多方面进行理解和评价，如图 3-34 所示。

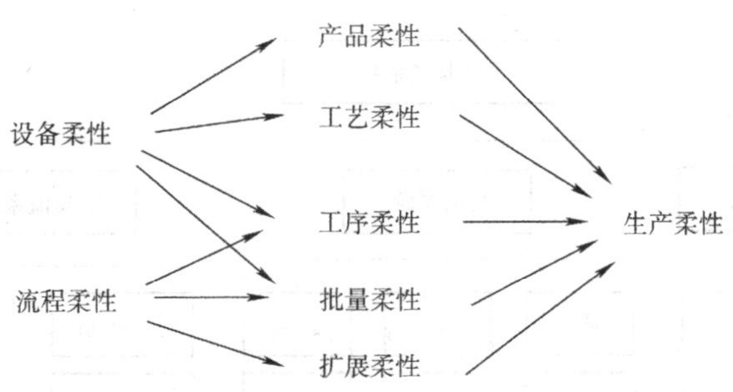

图 3-34 柔性制造系统的各种柔性理解及评价

二、柔性制造系统的产生和发展

机械制造自动化技术已有几十年的发展历史。在 20 世纪 30 ~ 50 年代，人们主要在大批量生产领域里，建立由自动车床、组合机床或专用机床组成的刚性自动化生产线。这些自动化生产线具有固定的生产节拍，要改变生产产品的品种是非常困难和昂贵的。由于在 20 世纪 60 ~ 70 年代计算机技术得到了飞速发展，由计算机控制的数控机床在自动化领域中逐渐取代了机械式的自动机床，使建立适合于多品种、小批量生产的柔性加工生产线成为可能。

英国学者 Williamson 最早提出了柔性制造系统的概念。1967 年英国 Molins 公司建造了世界上第一个柔性制造系统的雏形——System-24。经过 10 多年的发展和完善，到 20 世纪 70 年代末 80 年代初，柔性制造系统终于走出了实验室，实现商品化，逐渐成为先进制造企业的主力装备，而且其应用领域已从起初单纯的机械加工领域向焊接、装配、检验及无屑加工等领域综合发展。20 世纪 80 年代中期以来，柔性制造系统获得了迅猛发展，几乎成了生产自动化技术中的热点技术。这一方面是由于单项技术如数控加工中心、工业机器人、CAD/CAM、资源管理及高新技术等的发展，提供了集成一个整体系统所需要的技术基础；另一方面是由于世界市场发生了重大变化，由过去传统的、相对稳定的市场，发展为动态多变的市场。为了在市场中求生存、求发展，提高企业对市场需求的应变能力，人们开始探索新的生产方法和经营模式。近年来，作为一种现代化工业生产的科学理念和制造自动化的先进模式，柔性制造系统已为国际上所公认，并正在成为21世纪机械制造业的主要生产模式。

在柔性制造系统应用初期，它只是用于非回转体箱体类零件的机械加工，通常用来完成钻、镗、铣及螺纹加工等工序。后来，随着柔性制造系统的发展，其不仅能完成非回转体类零件的加工，还可以完成回转体类零件的车削、磨削及齿轮加工。从机械制造行业看，目前柔性制造系统不仅能完成机械加工，而且还能完成钣金加工、锻造、焊接、铸造、装配和激光、电火花等特种加工以及涂装、热处理、注塑和橡胶模制等工作。从整个制造业所生产的产品看，当前柔性制造系统的应用已不再局限于汽车、机床、飞机、坦克、船舶等产品的生产，还应用到了半导体、木制产品、服装、食品、药品和化工制品等产品的生产中。

三、柔性制造系统的组成及功能

柔性制造系统包括加工系统、物流系统和信息流系统，其各组成部分及功能如图3-35所示。

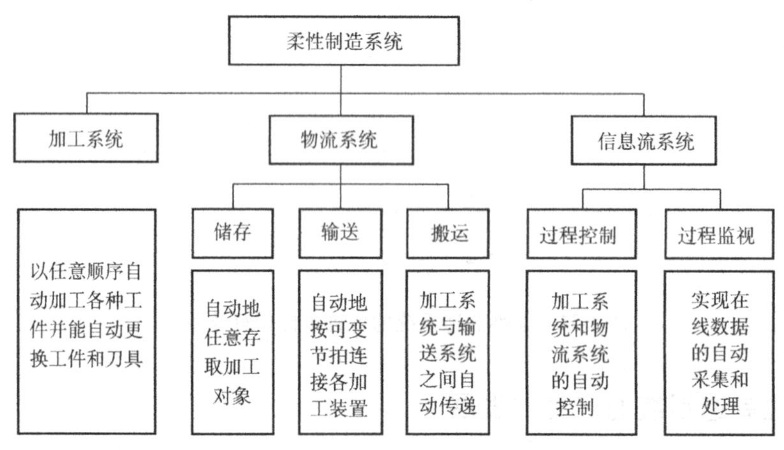

图3-35 柔性制造系统的组成

1. 加工系统

加工系统的功能是保证柔性制造系统能以任意顺序自动加工各种工件，并能自动地更换工件和刀具。从硬件上看，加工系统通常包括两台以上的数控机床、加工中心或柔性制造单元以及其他的加工设备、清洗机、动平衡机和各种特种加工设备等；从软件上看，其主要包括柔性制造系统的运行控制、质量保证以及数据管理和通信网络。

2. 物流系统

物流系统即物料储运系统，是柔性制造系统的重要组成部分。物流系统由输送系统、储存系统和搬运系统组成，通常包括传送带、有轨运输车、无轨运输车、搬运机器人、上下料托盘、交换工作台等设备，能对刀具、工件和原材料等物料进行自动装卸和运储。柔性制造系统中的物流系统与传统的自动线或流水线有很大区别，它的整个物料输送系统的工作状态是可以进行随机调整的，而且都设置有储料库以调节各工位上加工时间的差异。

3. 信息流系统

信息流系统又称控制系统，包括过程控制及过程监视两个子系统。信息流系统能够实现对柔性制造系统的运行控制、刀具监控和管理、质量控制以及数控管理和网络通信。

上述的柔性制造系统各组成部分的功能，是在计算机系统的控制下，协调一致地、连续地、有序地实现的。在进行柔性制造时，柔性制造系统运行所必需的作业计划及加工或装配信息，被预先存放在计算机系统中。根据作业计划，物流系统会从仓库中调出相应的毛坯、刀夹具，并将它们装夹到对应的机床上。在计算机系统的控制下，机床依据已经传送来的数控程序，执行预定的制造任务。可以说，柔性制造系统的“柔性”，是计算机系统赋予的。因此，当被加工的零件种类发生变更时，柔性制造系统只需变换其程序而不必变动设备，就可以再次进行生产。

四、柔性制造系统的特点

1. 有很强的柔性制造能力

由于柔性制造系统备有较多的刀具、夹具，因而柔性度很高，能对许多种零件进行加工，能大幅度降低中小批量零件的生产成本。柔性制造系统的这一特点对新产品开发特别有利。

2. 提高设备利用率

在柔性制造系统中，工件是安装在托盘上输送的，通过托盘工件能够快速地在机床上得到定位和夹紧，节省了许多的工件装夹时间。此外，借助计算机管理，柔性制造系统可以使加工零件的准备时间大为减少，很多准备工作可在机床工作时间内进行，因而零件在加工过程中的等待时间大大减少，这可使机床的利用率提高75%～90%。

3. 减少设备成本与占地面积

机床利用率的提高，可以使每台机床的生产率得到提高，相应地可以减少设备数量。

4. 减少直接生产工人，提高劳动生产率

利用柔性制造系统进行生产时，除了少数操作需由人工控制外，其余工作完全可以实现计算机自动控制，这可使直接生产工人大为减少，劳动生产率得到提高。

5. 减少在制品数量，提高制造企业对市场的反应能力

由于柔性制造系统具有高柔性、高生产率以及准备时间短等特点，因此，利用其进行生产时，制造企业能够对市场的变化做出较快的反应，没有必要保持较大的在制品数量和成品库存量。

6. 提高产品质量

由于柔性制造系统自动化水平高，工件装夹次数少，夹具的耐久性好，所以技术工人可把注意力更多地放在机床和零件的调整上，从而有助于零件加工质量的提高。

7. 柔性制造系统可以逐步地实施计划

若建一条刚性自动生产线，制造企业要等全部设备安装调试完毕后才能投入生产，因此，对刚性自动生产线的投资必然是一次性投资。而柔性制造系统在生产过程中的实现则可分步实施，每一步实施后都能独立地进行产品的生产，因为柔性制造系统的各个加工单元都具有相对独立性。

第八节 计算机集成制造系统

一、计算机集成制造系统的相关概念

1. 计算机集成制造

计算机集成制造（Computer Integrated Manufacturing，CIM）是随着计算机技术在制造领域中的广泛应用而产生的一种生产模式。它主要体现出两个重要的观点：一是系统的观点，即企业生产的各个环节（从市场分析、产品设计、加工制造、经营管理到售后服务）的全部生产活动是一个不可分割的整体，它们应当被统一考虑；二是信息化的观点，即整个生产过程实质上是一个数据的采集、传递和加工处理的过程，最终形成的产品可以看做是数据的物质表现。

计算机集成制造的概念是由美国学者约瑟夫·哈灵顿（Joseph Harrington）于1973年提出的。可以说，计算机集成制造是有关企业组织、管理与运行的一种理念，它借助计算机软硬件，综合运用现代管理技术、制造技术、信息技术、自动化技术、系统工程技术等，将企业生产经营全过程中的人、技术和管理三要素以及相关的信息流、物流和价值流有机地集成起来以使之更好地运行，从而实现产品的高质量、低成本、短交货期，提高企业对市场的应变能力和综合竞争能力。

2. 计算机集成制造系统

计算机集成制造系统（Computer Integrated Manufacturing System，CIMS）是在计算机集成制造的理念上建立的数字化、信息化、智能化、绿色化、集成优化的制造系统，是信息时代中的一种组织、管理与运行企业的新型生产制造系统。

计算机集成制造系统是一个相当宽泛的概念，这种特征表现为，尽管各企业的具体情况存在差异，如企业的类型不同、规模不同、经营方式不同等，但其计算机集成制造系统的基本构成是相近的。如图3-36所示，计算机集成制造系统轮图的中心是用户——以顾客为中心；第二层是企业的组织架构和人力资源；第三层是企业的信息（知识）共享系统；第四层是企业的制造活动；最外层是企业的其他制造资源，包括企业所处的整个外部环境。

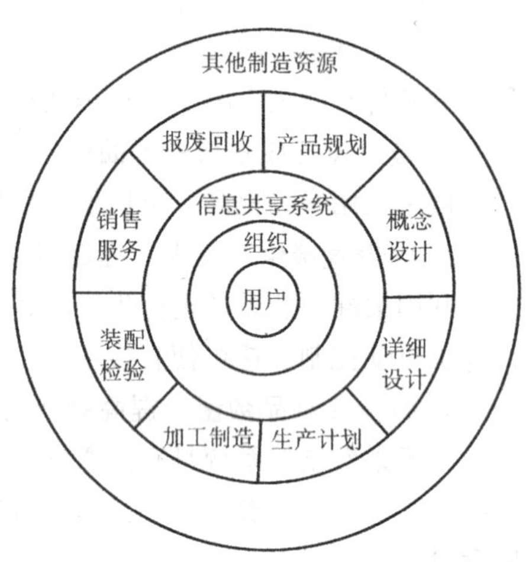

图3-36 计算机集成制造系统的基本构成轮图

二、计算机集成制造系统的内容

系统集成优化是计算机集成制造系统的核心技术，从企业生产经营三要素（人和组织、技术、管理）和“三流”（信息流、物流、价值流）集成发展的角度，可以将计算机集成制造系统的发展划分为三个阶段：信息集成、过程集成和企业间集成，由此在企业生产经营中又产生了并行工程、敏捷制造、虚拟制造等新的生产模式。

1. 信息集成

由于一般企业在产品设计、加工制造及自身管理上存在着大量的自动化孤岛，所以在生产经营过程中企业实现信息正确、高效地共享和交换，是其改善技术和管理水平必须首先解决的问题。信息集成的主要内容有：

（1）企业建模、系统设计方法　没有企业的模型就很难科学地分析和综合企业各部分的功能关系、信息关系以及动态关系。企业建模及系统设计方法解决了一个制造企业的物流、信息流、价值流（如资金流）、决策流的关系，是企业信息集成的基础。

（2）异构环境下的信息集成　所谓异构环境是指企业生产经营过程中的计算机系统中包含了不同的操作系统、控制系统、数据库及应用软件。异构环境下的信息集成主要解决三个问题：通信协议的共存及向 ISO（International Standardization Organization，国际标准化组织）/OSI（Open System Interconnect，开放式系统互联）的过渡，不同数据库的相互访问，不同应用软件之间的接口。

2. 过程集成

企业为了尽快实现制造自动化，除了可以采用信息集成这一技术手段外，还可以对制造过程进行集成，如将产品设计中的各个串行过程尽可能多地转变为并行过程，在进行产品设计时尽可能考虑到下游工序中的可制造性、可装配性，则可以减少设计的反复，缩短产品开发时间。

3. 企业集成

为充分利用全球制造资源，企业必须要采用能够适应经济全球化的全球制造新模式。为尽早应用全球制造新模式，计算机集成制造系统必须解决资源共享、信息服务、虚拟制造、并行工程、资源优化、网络平台等关键技术，以更快、更好、更经济地响应市场需求。

三、计算机集成制造系统的特点

计算机集成制造系统不同于企业的一般自动化，从其内容、广度、深度、追求目标和工作模式来看，主要有以下特点：

1. 计算机集成制造系统是人、技术、管理三要素统一协调的系统

计算机集成制造系统是以经营管理过程为应用对象，人为主导，技术为实现手段，三者相互协调一致的系统，而不是单纯的技术系统，其涉及范围要比一般自动化系统广泛得多。

2. 计算机集成制造系统是以集成为基础追求全局优化的系统

计算机集成制造系统是以计算机为工具，以物流集成和信息集成为主要特征，以整个企业的主要生产经营活动为对象的自动化系统，它追求的是整个企业经营、管理、运行的全局、全过程优化，从而缩短产品交货期，降低成本，提高质量，获得全局效益。

3. 计算机集成制造系统是一个具有高柔性的系统

人是计算机集成制造系统中的一个关键要素，信息集成为生产管理者灵活地组织生产提供了有效的帮助，计算机集成制造系统能根据市场和环境的变化，快速组织生产，以使企业具有应变能力和市场竞争能力。

4. 计算机集成制造系统是一个具有现代化生产模式的制造系统

计算机集成制造系统是以信息集成为基础，通过信息自动采集、加工、转换、处理、资源分配和调度等手段，来组织生产和进行有关经营活动，使企业在现代化、科学化的生产模式下进行各类生产经营活动。

四、计算机集成制造系统的发展趋势

1. 集成化

计算机集成制造系统已从企业内部的信息集成和功能集成，发展到过程集成（以并行工程为代表），并正在步入实现企业间集成的阶段（以敏捷制造为代表），如图3-37所示。

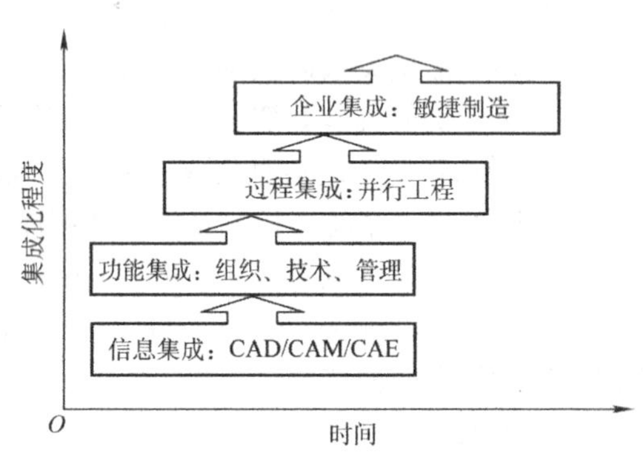

图3-37 制造集成化发展趋势

2. 智能化

智能化是计算机集成制造系统在柔性化和集成化基础上的进一步发展与延伸，当前和未来的研究重点是研制出具有自我管理、智能、仿生、敏捷等特点的下一代计算机制造系统。

3. 网络化

计算机集成制造系统中的计算机网络会基于局域网发展到基于Internet/Intranet/Extranet（外联网）的分布网络制造，发展企业间动态联盟技术、柔性制造系统等，以实现敏捷制造和支持全球制造策略的实现。

4. 全球化

随着网络全球化、市场全球化、竞争全球化、经营全球化的出现，许多企业正积极采用“全球制造”和“网络制造”的策略。

5. 数字化/虚拟化

从产品的数字化设计开始，发展到产品全生命周期中各类活动、设备及实体的数字化。在数字化基础上，虚拟化技术正在迅速发展，虚拟化技术主要包括虚拟现实、虚拟产品开发、虚拟制造和虚拟企业等。

6. 标准化

在制造业向全球化、网络化、集成化、智能化发展的过程中，标准化技术已显得越来越重要，它是信息集成、功能集成、过程集成和企业间集成的基础。

7. 绿色化

绿色设计、绿色制造、生态工厂、清洁化生产等概念是全球可持续发展战略在制造业中的体现，是摆在现代制造业面前的一个崭新而又十分紧迫的课题。

第九节 绿色制造

一、绿色制造的概念

绿色制造（Green Manufacturing，GM）又名环境意识制造或面向环境的制造，是一个综合考虑环境影响和资源利用率的现代制造模式，是一个面向环境的复杂制造系统工程。它把制造过程中涉及的每一个环节、每一个因素都与对环境的影响和资源的利用紧密结合起来，其目标是使产品在从设计、制造、包装、运输、使用、维修到报废、回收处理的产品全生命周期中，对环境（自然生态环境、社会环境和人类健康等）的负面影响最小、资源利用率最高、能源消耗最低，实现经济效益和社会效益的协调优化。

绿色制造的内涵涉及产品的制造问题、环境影响问题、对资源的利用率问题等，它的应用将会带来21世纪制造技术的一系列重要变革。相比于传统制造，绿色制造的本质特征在于其除了保证一般制造系统的功能外，还要保证生产制造过程对环境的负面影响和对资源的消耗最小。因此，可以说绿色制造是可持续发展战略在现代制造业中的具体应用。绿色制造的评价指标体系如图3-38所示。

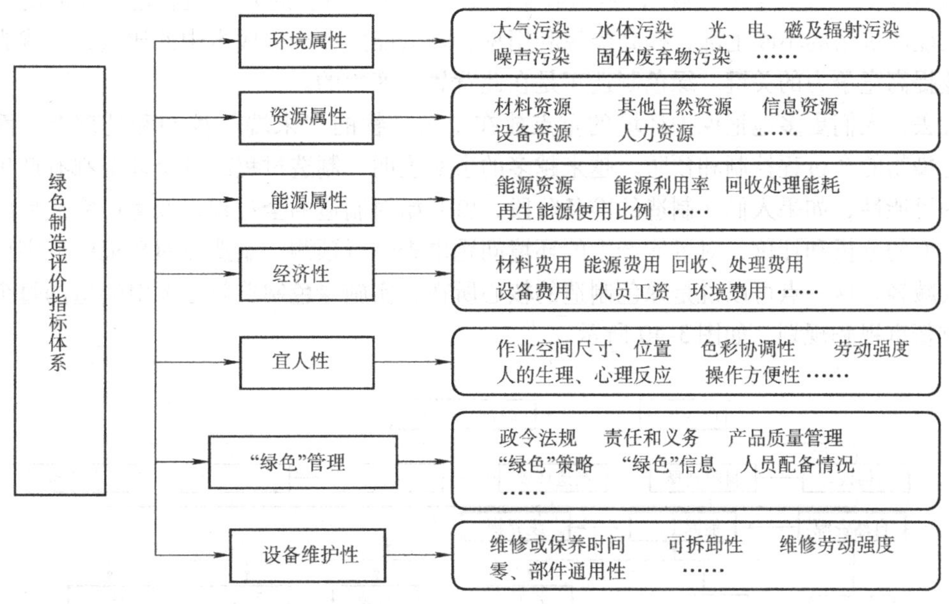

图3-38 绿色制造评价指标体系

二、绿色制造的产生背景

在两百多年的发展过程中，近代制造业为人们的衣、食、住、行提供了许多性能不同的产品，有力地推动了社会的发展和进步。然而与此同时，产品在制造、使用和回收处理过程中所产生的废弃物，以及淘汰产品和报废产品产生的废弃物，也给地球环境造成了较大污染。由于制造企业量大面广，导致制造业在整体上对环境的影响很大。据统计，造成全球环境污染的70%以上排放物均来自制造业，制造业每年约产生55亿吨无害废物和7亿吨有害废物。可以说，制造业一方面是创造人类财富的支柱性产业，同时又是造成环境污染的主要源头。制造系统对环境的影响如图3-39所示，其中虚线表示的是在个别情况下，制造过程和产品使用、处理过程对环境直接产生的污染（如噪声），而不是废弃物污染。

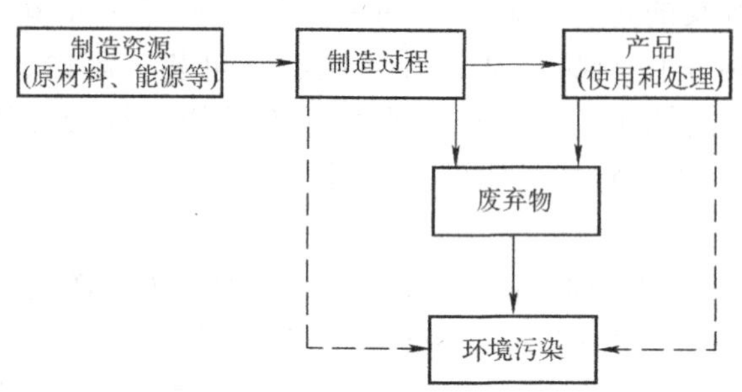

图 3-39 制造系统对环境的影响

目前，世界的环境和能源形势日益严峻，这对制造业提出了新的要求。减少废弃物排放、乃至降至“接近于零排放”，是制造业面临的长期挑战。此外，随着地球能源的日趋紧缺以及能源价格的不断上涨，提高能源利用率，降低能源在产品成本中的比重，也成为现代制造业提高竞争力的关键。绿色制造正是在此背景下产生的。

过去，人们更多地把保护环境的重点放在了污染物的“末端”控制和处理上，而忽略了对污染物的全过程控制和预防。越来越多的事实表明，制造过程的各个环节都有产生环境问题的可能性，如果人们在制造的准备阶段，就开始对制造的全过程以及生产完成后的产品进行全面的分析和评价，对可能产生的环境问题事先进行预测，制造业对环境的危害可能就会大大减轻。这一点可以说是绿色制造的核心所在，实施绿色制造就是要对制造的每个环节进行重新审视和规划，如图 3-40 所示。

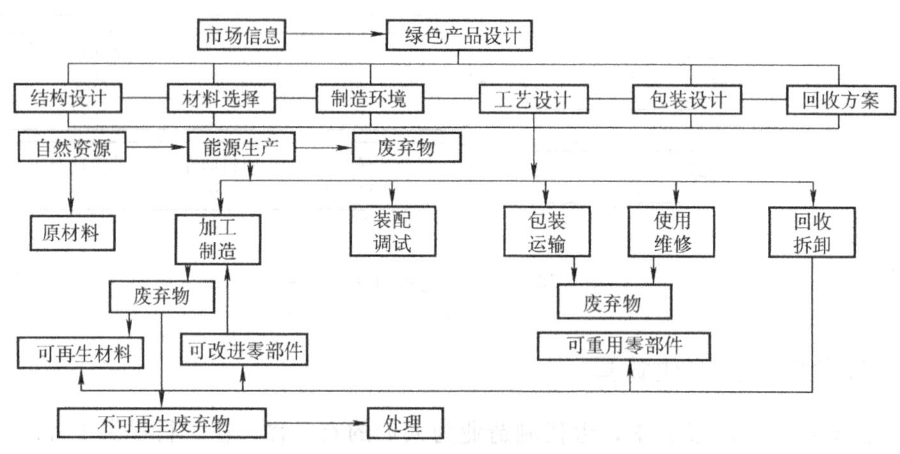

图 3-40 绿色制造的主要实施环节

为加强环境保护的力度，以保护人类赖以生存的地球，实现经济的可持续发展，美国、加拿大及西欧的一些发达国家，对绿色制造及相关问题进行了大量的研究。特别是国际标准化组织 ISO 发布的有关环境管理体系的 ISO 14000 系列标准，大大推动了人们对绿色制造的研究。

三、绿色制造的发展趋势

绿色制造被誉为 21 世纪的制造模式，近年来，关于绿色制造的研究非常活跃。从目前的研究成果看，绿色制造的发展将呈现以下趋势：

1. 全球化

绿色制造的研究和应用将越来越体现出全球化的特征和趋势，这是因为制造业对环境的影响往往是超越国界的，人类需要团结起来，以保护我们共同拥有的唯一的地球。

2. 社会化

社会化是指绿色制造一方面需要法律和行政规定对其形成有效的社会支撑，提供有力的支持；另一方面，政府可制定相关经济政策，用市场经济的机制对绿色制造实施导向。比如政府可利用相关经济手段对不可再生资源（如煤、石油等）和虽然可以再生但开采后会对环境产生负面影响的资源（如森林等）严加控制，使企业不得不尽可能减少使用这类资源，转而寻求或开发新的替代资源。

无论是绿色制造涉及的立法和行政规定以及需要制定的经济政策，还是绿色制造所需要建立的企业、产品、用户三者之间新型的集成关系，均是十分复杂的问题，其中又包含着大量的相关技术问题，均有待深入研究，以形成绿色制造所需要的社会支撑系统。这些也是今后绿色制造研究内容的重要组成部分。

3. 集成化

绿色制造涉及产品全生命周期，涉及企业生产经营活动的各个方面，因而是一个复杂的系统工程。制造业要真正有效地实施绿色制造，必须要从系统和集成的角度来考虑和研究相关问题。

4. 并行化

绿色并行工程又名绿色并行设计，是现代绿色产品设计和开发的新模式。它是一个系统方法，以集成的、并行的方式设计产品全生命周期，力求使产品开发人员在设计一开始，就考虑到产品整个生命周期中从概念形成到报废处理的所有因素。绿色并行工程涉及一系列关键技术，包括绿色并行工程的协同组织模式、协同支撑平台、绿色设计的数据库和知识库、设计过程的评价技术和方法、绿色并行设计的决策支持系统等。

5. 智能化

基于知识系统、模糊系统和神经网络等的人工智能技术，将在绿色制造过程中起到重要作用。在制造过程中，人工智能技术可应用专家系统识别、量化和评价产品设计、材料消耗和废弃物产生之间的关系，并应用所得结果来衡量产品的设计和制造对环境的影响。

6. 产业化

绿色制造的实施将导致一批新兴产业的形成，比如废弃物回收处理装备制造业、废弃物回收处理的服务产业、绿色产品制造业、实施绿色制造的软件产业等。

第十节 智能制造

一、智能制造的概念

智能制造（Intelligent Manufacturing，IM）是一种由智能机器和人类专家共同组成的人机一体化智能系统，它在制造过程中能进行智能活动，诸如分析、推理、判断、构思和决策等，通过人与智能机器的合作共事，去扩大、延伸和部分地取代人类专家在制造过程中的脑力劳动。智能制造更新了制造自动化的概念，使之扩展到了柔性化、智能化和高度集成化。

二、智能制造的产生背景

智能制造源于人工智能的研究，是自20世纪80年代以来由高度工业化国家首先提出的一种开发性技术。智能制造可以在确定性受到限制的、没有经验知识的、不能预测的环境下，根据不完全的、不精确的信息来完成拟人的制造任务。

智能一般被认为是知识和智力的总和，前者是智能的基础，后者是获取知识和运用知识求解的能力。人工智能就是用人工方法在计算机上实现的智能。近半个世纪特别是近30年来，随着产品性能的完善，产品结构的复杂化、精细化以及功能的多样化，产品所包含的设计信息和工艺信息量得到了猛增，从而使生产线和生产设备内部的信息流量增加，制造过程和管理工作的信息量也相应地剧增。因而促使制造技术发展的热点与前沿，转向了提高制造系统对爆炸性增长的制造信息处理的能力、效率及规模上。目前，先进的制造设备离开了信息的输入就无法运转，柔性制造系统一旦被切断信息来源就会立刻停止工作。专家认为，制造系统正在由原先的能量驱动型转变为信息驱动型，这就要求制造系统不但要具备柔性，而且还要具有智能，否则是难以处理如此大量而复杂的信息的。另外，制造企业所面对的瞬息万变的市场需求和激烈竞争的复杂环境，也要求制造系统更加灵活、敏捷和智能化。因此，智能制造越来越受到人们的重视。

三、智能制造技术

智能制造技术（Intelligent Manufacturing Technology，IMT）是利用计算机模拟制造专家的分析、判断、推理、构思和决策等智能活动，并将这些智能活动与智能机器有机地融合起来，然后将融合后的结果贯穿应用于整个制造企业的各个子系统（如经营决策、采购、产品设计、生产计划、制造装配、质量保证和市场销售等）中，以实现制造企业经营运作的高度柔性化和高度集成化，从而取代或延伸制造环境中专家的部分脑力劳动，并对制造专家的智能信息进行收集、存储、完善、共享、继承与发展的技术。智能制造技术的应用，可以极大地提高生产效率。

四、智能制造系统

智能制造系统（Intelligent Manufacturing System，IMS）是一种由智能机器和人类专家共同组成的人机一体化系统，其基于智能制造技术，综合应用了人工智能、信息技术、自动化技术、并行工程、生命科学、现代管理技术和系统工程的理论与方法，在国际标准化和互换性的基础上，可以使整个企业制造系统中的各个子系统分别智能化，并能够使制造系统实现网络集成和高度自动化。由于这种制造模式突出了知识在制造活动中的价值和地位，而知识经济又是继工业经济后的主要经济形式，所以智能制造就相应成为了影响未来经济发展进程的制造业的重要生产模式。

智能制造系统是智能技术集成应用后的制造环境，同时也是智能制造模式得以展现的载体。

1. 智能制造系统的组成

从制造系统的功能角度，智能制造系统可细分为设计、计划、生产和系统活动四个子系统。

（1）设计子系统　在设计子系统中，智能制造突出了产品的概念设计过程中消费需求的影响；功能设计关注了产品可制造性、可装配性和可维护及保障性；另外，在对产品的模拟测试中也广泛应用了智能技术。

（2）计划子系统　在计划子系统中，数据库构造将从简单信息型发展到知识密集型。在制造资源计划管理中，模糊推理等多种类的专家系统将被集成应用。智能制造的生产系统将是自治或半自治系统。

（3）生产子系统　在生产子系统中，生产状态的获取和故障的诊断、装配的检验等工作中，将广泛应用智能技术。

（4）系统活动子系统　在系统活动子系统中，神经网络技术在系统控制中已开始应用，同时分布技术、多元代理技术、全能技术也将得到应用，系统活动子系统采用开放式系统结构，可以使系统活动并行进行，并可解决系统集成的问题。

由此可见，智能制造系统是建立在自组织、分布自治和社会生态学机理上的，目的是通过设备柔性和计算机人工智能控制，自动地完成设计、加工、控制管理过程，以增强高度变化环境中制造的有效性。

2. 智能制造系统的目标

1）在制造系统中用机器智能代替人的脑力劳动，使脑力劳动自动化。

2）在制造系统中用机器智能代替熟练工人的操作技能，使制造过程不再依赖于人的“手艺”。

3）自动生产的维持不再依赖人的监视和决策控制，使制造系统的生产可以自主地进行。

3. 智能制造系统的特征

和传统的制造相比，智能制造系统具有以下特征：

（1）自律能力　自律能力为搜集与理解环境信息和自身的信息，进而进行分析判断和规划自身行为的能力。具有自律能力的设备称为“智能机器”，“智能机器”在一定程度上表现出独立性、自主性和个性，甚至相互间还能实现协调运作与竞争。强有力的知识库和基于知识的模型是自律能力的基础。

（2）人机一体化　智能制造系统不单纯是“人工智能”系统，而是人机一体化智能系统，是一种混合智能。基于人工智能的智能机器只能进行机械式的推理、预测、判断，它只具有逻辑思维（专家系统），最多具有形象思维（神经网络），完全没有灵感（顿悟）思维，只有人类专家才真正同时具备以上三种思维能力。因此，想以人工智能全面取代制造过程中人类专家的智能，独立承担起分析、判断、决策等任务是不现实的。人机一体化一方面突出了人在制造系统中的核心地位，同时在智能机器的配合下，可以更好地发挥出人的潜能，使人机之间表现出一种平等共事、相互“理解”、相互协作的关系，使二者在不同的层次上各显其能，相辅相成。

因此，在智能制造系统中，高素质、高智能的人将发挥更好的作用，机器智能和人的智能将真正地集成在一起，互相配合，相得益彰。

（3）自组织与超柔性　智能制造系统中的各组成单元能够依据工作任务的需要，自行组成一种最佳结构。因此，智能制造系统的柔性不仅表现在运行方式上，而且表现在结构形式上，所以我们把这种柔性称为超柔性。具有超柔性的智能制造系统如同一群人类专家组成的群体，具有生物特征。

(4) 学习能力与自我维护能力 智能制造系统能够在实践中不断地充实知识库，具有自学习功能。同时，在运行过程中智能制造系统可以进行自行故障诊断，并具备对故障自行排除，对自身自行维护的能力。这种特征使智能制造系统能够自我优化并适应各种复杂的环境。

综上所述，我们可以看出智能制造作为一种模式，是集自动化、柔性化、集成化和智能化于一身，并不断向纵深方向发展的具备高新技术含量和高新技术水平的先进制造系统，需要投入巨大的科研力量去突破一个个技术难点。

第十一节 特种加工

通过使用工具和智能，人类制造了许多使生活变得更容易和更舒适的物品，同时，通过这种活动，人类也把自己与其他种类的生命区别开来。许多世纪以来，工具和为工具提供动力的能源都在不断地发展变化，以满足人类日益复杂的需求。

目前，人类所采用的常规制造工艺中，材料的去除是依赖电动机和刀具而进行的，比如车、铣、钻等；常规的成形加工是利用电动机、液压机械或重力所提供的能量进行的；而常规的材料连接则是采用诸如燃烧的气体或电弧等热能得以实现的。与之相比，特种加工中所采用的能源并不是常规能源。特种加工中材料的去除可以使用电化学反应、高速液体等方法；过去非常难以进行成形加工的材料，现在可以利用大功率电火花产生的磁场、爆炸和冲击波进行成形加工；超声波和电子束，可以使材料连接技术水平有很大的提高。

作为先进制造技术的重要组成部分，特种加工对制造业的作用日益重要。它解决了传统加工方法所遇到的问题，有着自己独特的特点，已经成为现代工业中不可缺少的重要加工方法。

一、特种加工概述

1. 特种加工的概念

特种加工（Non-Traditional Machining，NTM）亦称非传统加工或现代加工方法。随着现代制造技术的进一步发展，人们就从广义上来定义特种加工，即将通过把电、磁、声、光、化学等能量或其组合施加在工件的被加工部位上，以实现材料的去除、变形、性能的改变或镀覆等的非传统加工方法统称为特种加工。

2. 特种加工的发展历程

特种加工是于20世纪40年代发展起来的加工技术。当时，由于材料科学、高新技术的发展和激烈的市场竞争、发展尖端国防及科学研究的急需，产品不仅更新换代日益加快，还被要求具有很高的强度重量比和性能价格比，正朝着高速度、高精度、高可靠性、耐腐蚀、高温高压、大功率、尺寸大小两极分化的方向发展。为此，各种新材料、新结构、形状复杂、精密的机械零件大量涌现，这同时也对机械制造业提出了一系列迫切需要解决的新问题。例如，各种难切削材料的加工问题；结构形状复杂、尺寸微小或特大、精密零件的加工问题；薄壁、弹性元件等低刚度、特殊零件的加工问题等。这些材料与零件的加工之所以会成为待解决的问题，是因为采用传统加工方法很难对它们进行加工，甚至无法加工。为解决上述问题，人们一方面通过研究高效加工的刀具和刀具材料，自动优化切削参数，提高刀具可靠性和在线刀具监控系统，开发新型切削液，研制新型自动机床等途径，改善切削状态，提高切削加工水平；另一方面，则冲破传统加工方法的束缚，不断地探索、寻求新的加工方法。于是，在人们的努力下，一种本质上区别于传统加工的特种加工便应运而生，并不断发展。

3. 特种加工的特点

（1）不用机械能，与加工对象的力学性能无关 有些加工方法，如电火花加工、电化学加工、激光加工等，利用的是热能、电化学能、光能等非机械能，故这些加工方法与工件的力学性能无关，可加工各种硬、软、脆、高强度、特殊性能的金属或非金属材料。

（2）属于非接触加工，不存在显著的机械切削力 特种加工过程不一定会使用工具，有的加工过程虽使用工具，但由于工具与工件并不接触，故在加工过程中工件不会承受较大的作用力，这可使刚性极低的零件及弹性零件得以加工。在特种加工中，工具硬度可低于工件硬度，比如电火花加工可使用软的铜或石墨作工具电极加工硬的钢材。

（3）属于微细加工，工件表面质量高 有些特种加工，如电子束加工、离子束加工等，加工余量都是很微细的，故不仅可利用其加工尺寸微小的孔或狭缝（图 3-41），经其加工后的工件还能获得高精度、极小表面粗糙度值的加工表面。

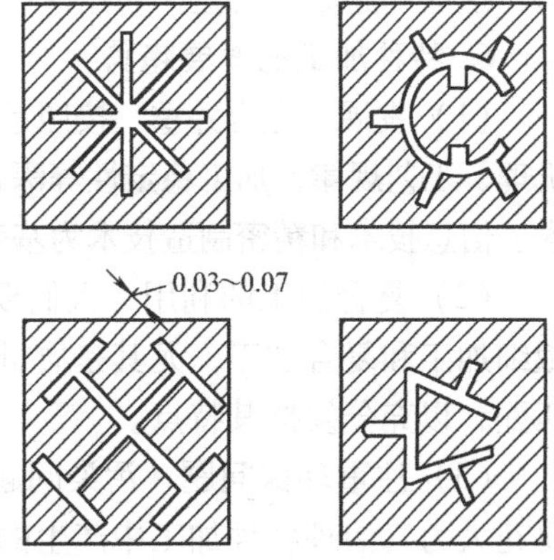

图 3-41 利用微细加工技术加工出的工件

（4）加工质量较好 由于不存在传统切削加工中的机械应变或大面积的热应变，因此经特种加工加工后的工件可获得较小的表面粗糙度值，其热应力、残余应力、冷作硬化等均比较小，尺寸稳定性好，可获得较好的加工质量。比如，超声加工时宏观切削力很小，切削热小，不会产生变形及烧伤，适于加工薄壁、窄缝、低刚度的零件，加工精度较高。

（5）不同形式的能量可以进行组合 在进行特种加工时，两种或两种以上的能量可相互组合形成新的复合加工，其加工效果明显，且便于推广使用，比如电化学加工即是电能与化学能的组合。

（6）特种加工为变革传统制造工艺提供了可能性 特种加工对简化加工工艺、变革新产品的设计及零件结构工艺性等均产生了积极的影响。过去，人们将方孔、小孔、深孔、异形孔、弯孔、窄缝等认定为工艺性差的典型，特种加工改变了这一情况，使这些结构不再难以加工或无法加工。比如利用线切割可以很容易地加工出小尺寸的窄缝，通过控制电极丝的运动轨迹，可以加工各种方孔、异形孔等。

4. 特种加工技术的主要应用领域

（1）难加工材料 特种加工可对硬质合金、钛合金、耐热钢、不锈钢、高强钢、复合材料、工程陶瓷、金刚石、红宝石、硬化玻璃，以及锗、硅等传统加工技术难以加工的高硬度、高强度、高韧性、高脆性、高熔点金属及非金属材料进行加工。

（2）具有特殊复杂表面的零件 特种加工可对喷气涡轮机叶片、整体涡轮、锻压模和注射模的立体成形表面，各种冲模、冷拔模上特殊截面的型孔，炮管内膛线，喷油嘴、栅网、喷丝头上的小孔、窄缝等具有特殊复杂表面的零件进行加工。

（3）低刚度零件 特种加工可对薄壁零件、弹性元件等零件进行加工。

（4）高能束加工 特种加工可以用高能量密度束流，来实现焊接、切割、制孔、喷涂、表面改性、刻蚀和精细加工。

5. 特种加工存在的问题

虽然特种加工解决了传统加工方法难以解决的许多问题，在提高产品质量、生产效率和经济效益上显示出了很大的优越性，但目前它还存在不少亟待解决的问题。

1）不少特种加工（如超声加工、激光加工等）的机理还不十分清楚，其工艺参数选择、加工过程的稳定性均需进一步提高。

2）有些特种加工（如电化学加工等）在加工过程中的废渣、废气若排放不当，会产生环境污染，影响工人健康。

3）有些特种加工（如电化学加工、电火花加工等）的加工精度及生产率有待提高。

4）有些特种加工（如激光加工、电子束加工等）所需设备价格昂贵、使用维修费用高，这些问题亦有待进一步解决。

6. 特种加工的发展趋势

（1）发展与融合并重　按照系统工程的观点，人们需加大对特种加工的基本原理、加工机理、工艺规律、加工稳定性等深入研究的力度；同时，充分融合以现代电子技术、计算机技术、信息技术和精密制造技术为基础的高新技术，使加工设备向自动化、柔性化方向发展。

（2）复合加工的利用　人们要从实际出发，大力开发特种加工领域中的新方法，包括微细加工和复合加工，尤其是质量高、效率高、经济型的复合加工，并与适宜的制造模式相匹配，以充分发挥其特点。

（3）注重环保问题　污染问题是限制有些特种加工应用、发展的严重障碍，人们必须要花大力气治理特种加工中产生的废气、废液、废渣，以实现“绿色”加工。

可以预见，随着科学技术和现代工业的发展，特种加工必将不断完善和发展，也必将推动科学技术和现代工业的发展，并发挥越来越重要的作用。

二、电火花加工

1. 电火花加工的概念

电火花加工（Electrical Discharge Machining，EDM）是利用浸在工作液中的两电极在脉冲放电时产生的电蚀作用，来蚀除导电材料的特种加工方法。因脉冲放电过程中有火花出现，故我国将这种特殊加工方法称为电火花加工，而美国、日本称之为放电加工，前苏联及俄罗斯称之为电蚀加工。

2. 电火花加工原理

电腐蚀现象很早就被发现了，例如在插头或电器开关触点开、闭时，往往产生火花将接触表面烧毛，产生腐蚀而逐渐损坏。长期以来，电腐蚀一直被认为是一种有害的现象，人们不断地研究电腐蚀的原因并设法减轻和避免它。1943 年，前苏联拉扎林科夫妇在研究开关触点受火花放电腐蚀损坏的现象时，发现电火花的瞬时高温可以使局部的金属熔化、氧化而被腐蚀掉，从而发明了电火花加工方法。之后随着脉冲电源和控制系统的改进，电火花加工迅速发展起来。

电火花是一种自激放电。电火花放电的两个电极间在放电前具有较高的电压，当两电极接近时，其间的介质被击穿，随即发生火花放电。伴随击穿过程，两电极间的电阻急剧变小，两极之间的电压也随之急剧变低。火花通道必须在很短的时间（通常为 $10^{-7} \sim 10^{-3}$s）内及时熄灭，火花放电的“冷极”特性（即通道能量转换的热能来不及传至电极纵深）才可得以保持，以使通道能量作用于极小范围。通道能量的作用，可使电极局部被腐蚀。

进行电火花加工时，工具电极和工件分别被接在脉冲电源的两极，并浸入工作液，或将工作液充入放电间隙，通过间隙自动控制系统控制工具电极向工件进给。当两电极间的间隙达到一定距离时，两电极上施加的脉冲电压将工作液击穿，从而产生火花放电，如图3-42所示。火花放电时，在放电的微细通道中会瞬时集中大量的热能，温度可高达10000℃以上，压力也会急剧变化，从而使这一点工作表面上的局部微量的金属材料立刻熔化、汽化，并爆炸式地飞溅到工作液中迅速冷凝，形成固体的金属微粒，被工作液带走。这时，在工件表面上便会留下一个微小的凹坑痕迹，放电短暂停歇，两电极间工作液恢复绝缘状态。紧接着，下一个脉冲电压又在两电极相对接近的另一点处击穿工作液，产生火花放电，重复上述过程。虽然每个脉冲放电蚀除的金属量极少，但因每秒钟有成千上万次的脉冲放电作用，因此电火花加工能蚀除较多的金属，具有一定的生产率。在保持工具电极与工件之间恒定放电间隙的条件下，一边蚀除工件金属，一边使工具电极不断地向工件进给，最后便可在工件上加工出与工具电极形状相对应的形状来。因此，只要改变工具电极的形状和工具电极与工件之间的相对运动方式，就能加工出各种复杂的型面，如图3-43所示。

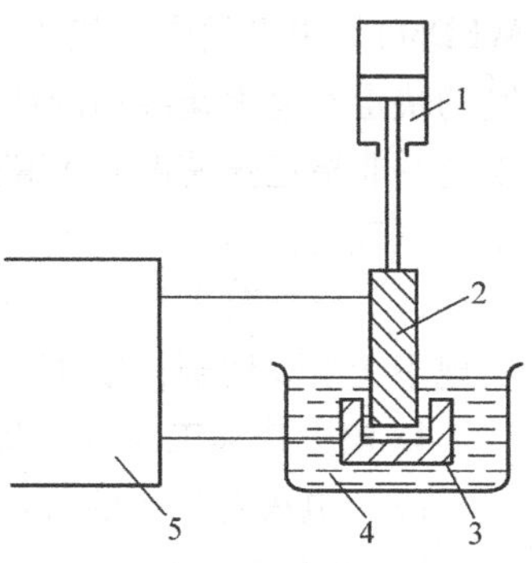

图3-42　电火花加工原理
1—自动进给装置　2—工具电极
3—工件　4—工作液　5—脉冲电源

3. 电火花线切割加工

电火花线切割加工（Wire Cut EDM，WEDM）是一种于20世纪50年代在前苏联发展起来的基于电火花加工的新工艺形式，其是用线状电极（ϕ0.06～ϕ0.2mm的钼丝或ϕ0.1～ϕ0.3mm的铜丝）靠火花放电对工件进行切割，有时简称线切割。图3-44中的零件就是用线切割加工出的零件。

图3-43　电火花加工的零件

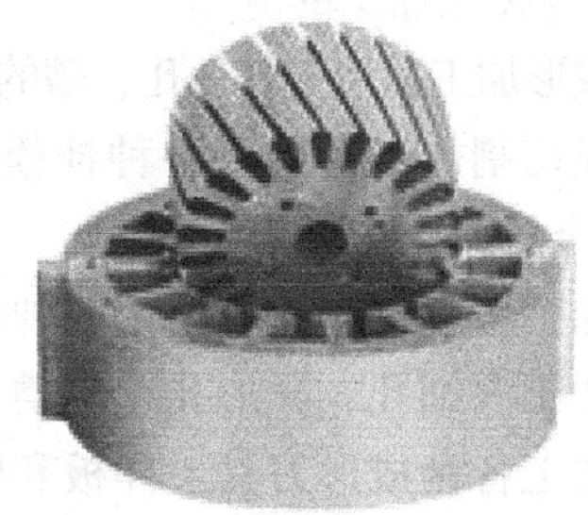
图3-44　线切割加工的零件

根据电极丝的运行速度，电火花线切割机床通常分为两类：一类是高速走丝（或称快走丝）电火花线切割机床（WEDM-HS），这类机床采用钼丝或钨丝作电极，电极丝作高速往复运动，可以反复使用直到断丝为止，一般走丝速度为8～10m/s，这是我国生产和使用的主要机种，也是我国独创的电火花切割加工模式，一般加工精度能达到0.01～0.02mm；另一种是低速走丝（或称慢走丝）电火花线切割机床（WEDM-LS），这类机床一般采用铜丝作电极，电极丝作低速单向运动，不重复使用，一般走丝速度低于0.2m/s，这是国外生产和使用的主要机种，一般加工精度可达0.002～0.005mm。

为满足模具行业发展的需要，近年来我国出现了一种中走丝电火花线切割加工（MS－

WEDM)，中走丝电火花线切割加工是快走丝电火花线切割加工的升级，所以也叫能多次切割的快走丝电火花线切割加工，其加工速度接近于快走丝，而加工质量趋于慢走丝。所谓中走丝并非指走丝速度介于高速与低速之间，而是指其使用复合走丝线切割机床进行加工，其走丝原理是在粗加工时采用高速（8～12m/s）走丝，精加工时采用低速（1～3m/s）走丝，这样，工作相对平稳、抖动小，并可以通过多次切割减少材料变形及钼丝损耗带来的误差，实现了无条纹切割，使加工质量得到提高。

4. 电火花加工的特点及应用

（1）电火花加工的特点

1）电火花加工能加工传统加工方法难以加工的材料和复杂形状工件。由于加工中材料的去除是靠放电时的电热作用实现的，材料的可加工性主要取决于材料的导电性及其热化学性，如熔点、沸点、比热容、热导率等，而几乎与其力学性能（硬度、强度等）无关，因此，其可以突破传统加工方法对刀具的限制，实现用软的工具加工硬韧的工件，即“以柔克刚”。

2）加工时无切削力。由于加工中工具电极与工件不直接接触，因此加工中不存在机械加工中一般意义上的切削力。

3）不会产生毛刺和刀痕沟纹等缺陷。

4）直接使用电能加工，便于实现自动化。

5）主要用于加工金属等导电材料，在一定条件下也可以加工半导体和非金属材料。

6）一般加工速度较慢。安排工艺时一般先采用传统加工方法以去除大部分余量，然后再进行电火花加工以提高生产率。

7）加工后工件表面会产生变质层，在某些应用中须进一步去除。

8）存在电极损耗。电极损耗多集中在尖角或底面，这会影响工件的成形精度。

9）工作液的净化和加工中产生的烟雾污染的处理比较麻烦。

（2）电火花加工的应用

1）成形加工适用于各种孔、槽的加工，可加工出具有复杂形状的型孔和型腔的模具和零件。

2）线切割加工适用于各种冲模、粉末冶金模及工件，各种样板、硅钢片的冲片，钼、钨、贵重金属或半导体等的加工。

3）加工各种硬、脆材料，如硬质合金和淬火钢等。

4）加工深细孔、异形孔、深槽、窄缝等。

5）加工各种成形刀具、样板和螺纹环规等工具和量具。

6）用于刻字、表面强化、涂覆等。

三、电化学加工

1. 电化学加工的概念

电化学加工（Electrochemical Machining，ECM）是利用金属在电解液中产生电化学阳极溶解的原理对工件进行成形加工的特种加工，又称电解加工。

电化学加工的基本理论在19世纪末已经形成，但真正在工业上得到大规模应用，还是20世纪30～50年代以后的事。日本于20世纪60年代初期发明了混气电化学加工，这种加工方法是在电解液中混入一定量的压缩空气，以使加工区域内电解液的流场分布更为均匀，加工间隙趋向一致，从而提高加工精度。

2. 电化学加工原理

进行电化学加工时，工件接直流电源的阳极，按所需形状制成的工具接阴极（图 3-45），两极之间保持较小的间隙。当电解液从两极间隙（0.1 ~ 0.8mm）中高速（5 ~ 60m/s）流过时，两极之间便会形成导电通路，并在电源电压作用下产生电流，从而形成电化学阳极溶解。当工具阴极向工件进给并保持一定间隙时，电化学反应会不断发生，在相对于阴极的工件表面上，金属材料会按对应于工具阴极型面的形状不断地被溶解到电解液中，同时电解产物被高速电解液流带走。最终，两极间各处的间隙趋于一致，于是在工件的相应表面上就加工出了与阴极型面相对应的形状（图 3-46）。

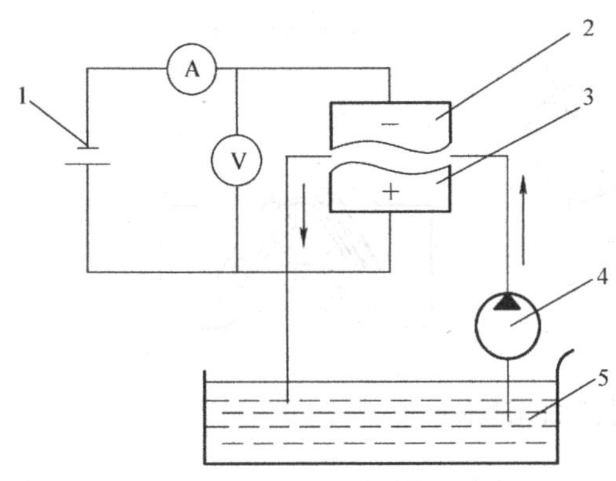

图 3-45　电化学加工示意图

1—直流电源　2—工具阴极　3—工件阳极　4—电解液泵　5—电解液

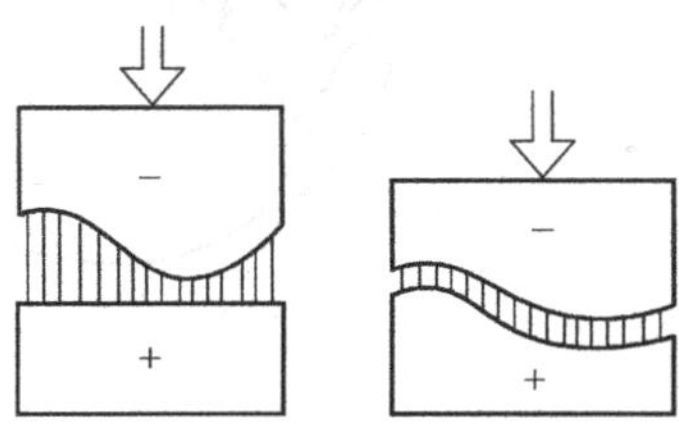

图 3-46　电化学加工成形原理

3. 电化学加工的特点及应用

（1）电化学加工的特点

1）加工范围广。电化学加工几乎可以加工所有的导电材料，而且不受材料的强度、硬度、韧性等力学性能的限制，加工后材料的金相组织基本上不会发生变化。其常用于加工硬质合金、高温合金、淬火钢、不锈钢等难加工材料，并可加工叶片、锻模等各种复杂型面。如图 3-47 所示，即为使用电化学加工整体叶轮的原理，当把叶轮坯加工好后可直接在轮坯上加工叶片。与焊接式叶轮相比，利用该加工方法可使加工周期大大缩短，而且加工出的叶轮强度高、质量好。

2）生产率较高。电化学加工能用简单的直线进给运动加工出复杂的型腔、型面和型孔，加工速度可以随电流密度成比例增加。据统计，电化学加工的生产率约为电火花加工的 5 ~ 10 倍，在某些情况下，甚至可以超过机械切削加工。电化学加工可获得一定的加工精度和较低的表面粗糙度，且生产率不直接受加工精度和表面粗糙度的限制。

3）加工质量较好，但加工精度和加工稳定性不高。在加工精度上，型面和型腔为 ±0.05 ~ ±0.20mm，型孔和套料为 ±0.03 ~ ±0.05mm，模锻型腔为 ±0.05 ~ ±0.20mm，透平叶片型面为 0.18 ~ 0.25mm。在表面粗糙度上，对于一般中、高碳钢和合金钢，*Ra* 值可稳定地达到 1.6 ~ 0.4μm，有些合金钢 *Ra* 值可达到 0.1μm。

电化学加工的加工精度和稳定性取决于阴极的精度和对加工间隙的控制。阴极的设计、制造和修正都比较困难，其精度难以保证；电化学加工间隙受许多参数的影响，且规律难以掌握，不易严格控制，因而电化学加工的加工精度较低，稳定性差。

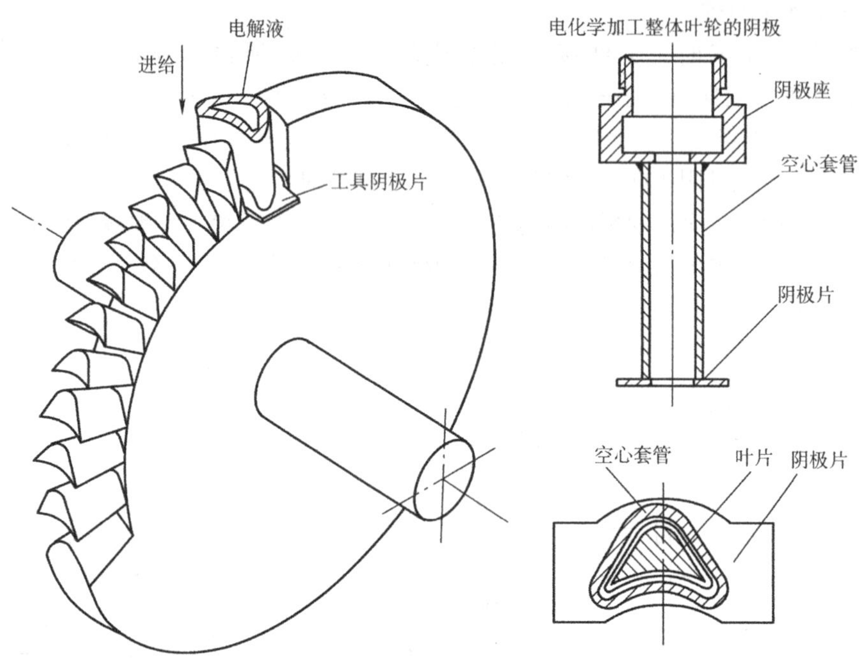

图 3-47 电化学加工整体叶轮

4）工具与工件不接触，加工不会受到机械切削力的影响。电化学加工过程不会使用机械切削力，因此，电化学加工可用于加工薄壁或易变形零件，且加工后的零件表面无残余应力和变形，没有飞边毛刺。

5）加工热影响小。电化学加工过程所产生的热量被电解液带走，工件基本上没有温升，适合加工热敏性材料的零件。

6）工具阴极无损耗。在电化学加工过程中，工具阴极上仅仅会析出氢气，而不会发生溶解反应，所以没有损耗。只有在产生火花、短路等异常现象时，阴极才会受到损伤。

7）加工成本较高。由于阴极和夹具的设计、制造及修正都很困难，且周期较长，因而应用电化学加工进行单件小批量生产的成本较高，生产批量越小，单件附加成本越高。同时，电化学加工所需的附属设备较多，占地面积较大，这都需要进行较大的投资；且机床需要足够的刚性和防腐蚀性能，造价较高。

8）对加工形状有限制。由于电化学加工的特点，因此其难以加工尖角和窄缝。

9）环境问题。电化学加工的电解产物的处理和回收都较困难，工作液及其蒸汽还会对机床、电源、甚至厂房造成腐蚀。

（2）电化学加工的应用

1）电化学加工适用于难加工材料的加工，且不受金属材料本身力学性能的限制，可广泛应用于模具的型腔加工，枪炮的膛线加工，发电机的叶片加工，花键孔、内齿轮、深孔加工等。

2）电化学加工适用于形状复杂或薄壁零件的加工。因在加工过程中无机械切削力和切削热，所以不会因为力与热给工件带来变形。

3）因电化学加工中复杂加工表面的工具电极的设计和制造比较费事，故其只适用于大批量生产的零件的加工而不适于小批量生产。

四、激光加工

1. 激光加工的概念

激光加工（Laser Processing，LP）是利用经过透镜聚焦后在焦点上达到很高能量密度的光能量，将加工材料瞬间熔化和汽化，并在强烈的冲击波作用下，将熔融物质喷射出去，从而实现对工件进行加工的加工方法。

2. 激光加工原理

激光加工的原理为：如图3-48所示，激光器发射出来的具有高方向性和高亮度的激光，通过光学系统被聚焦成一个极小的光斑（直径仅有几微米或几十微米），光斑处因而具有极高的能量密度，可以达到上万度的高温，能在很短的时间内使各种物质熔化和汽化，从而达到蚀除工件材料的目的。

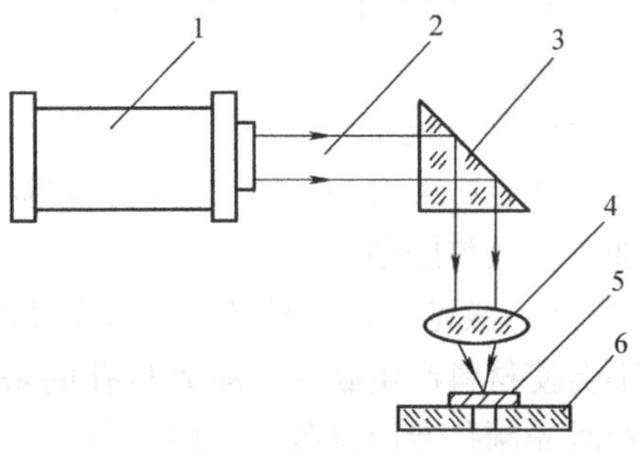

图3-48　激光加工原理示意图

1—激光器　2—激光束　3—全反射棱镜　4—聚焦物镜　5—工件　6—工作台

激光是可控的单色光，强度高，能量密度大，可在空气介质中高速加工各种材料。世界上第一台激光器诞生于1960年，我国于1961年研制出了第一台激光器。40多年来，激光技术发展迅猛，已与多个学科相结合形成多个应用技术领域，比如光电技术、激光医疗与光子生物学、激光加工技术、激光检测与计量技术、激光全息技术、激光光谱分析技术、非线性光学、超快激光学、激光化学、量子光学、激光雷达、激光制导、激光分离同位素、激光可控核聚变、激光武器等。这些交叉技术与新学科的出现，大大推动了传统产业和新兴产业的发展。作为20世纪科学技术发展的主要标志和现代信息社会光电子技术的支柱之一，激光技术受到了许多国家的高度重视。

3. 激光加工的特点及应用

（1）激光加工的特点

1）能量密度大。聚焦后，激光的功率密度可高达$10^8\sim10^{10}$W/cm^2，由聚焦后的激光转化而来的热能，几乎可以熔化、汽化任何材料。如耐热合金以及陶瓷、石英、金刚石等硬脆材料都能进行激光加工。

2）加工精度高，质量好。激光光斑可以被聚焦到微米级大小，且激光的输出功率可以调节，因此激光加工可用于精密微细加工。

3）没有加工工具磨损及切削力影响的问题。激光加工所用的工具是激光束，不需要使用其他加工工具，因而没有工具损耗问题，适宜进行自动化生产。又由于激光加工属非接触加工，所以加工过程中没有明显的切削力，因而可以加工易变形的薄板及弹性零件。

4）加工速度快、热影响区小，容易实现加工过程自动化。激光还能通过透明体进行加工，如对真空管内部进行焊接加工等。

5）加工方法多，适应性强。由于激光束的能量及其移动速度均可调节，因而应用激光加工可实现多种加工，如可以实现在同一台设备上完成切割、焊接、表面处理、打孔等很多种加工；又如加工时既可分步加工，又可以在几个工位上同时进行加工。激光加工可加工各种材料，包括高硬度、高熔点、高强度及脆性、柔性材料。和电子束加工等相比，激光加工不要求复杂的抽真空装置。

6）加工参数不容易控制。激光加工是一种瞬时的、局部熔化和汽化的热加工，影响加工效果的因素有很多。因此，利用激光加工进行精密微细加工时，精度尤其是重复精度和表面粗糙度不易保证，必须要进行反复试验，寻找到合理的参数，才能达到一定的加工要求。

7）有的待加工材料需要进行预处理。由于光的反射作用，应用激光加工对表面光滑或透明材料进行加工时，必须预先对材料进行色化或打毛处理，以使更多的光能被吸收后转化为热能，从而便于对材料进行加工。

8）激光加工设备价格较高，只适合于那些最能发挥其特点、用其他加工方法不能或难以加工的场合。

（2）激光加工的应用

激光加工主要应用于打孔、切割、焊接、金属表面的激光强化、电子器件的微调、微细加工以及数据存储等。

1）激光打孔。激光束可以在高硬度材料和复杂弯曲的材料表面打小孔，打孔速度快且不会使材料产生破损。激光打孔的最小孔径已达0.002mm，已被成功地应用到自动化六坐标激光制孔专用设备上，用于加工航空发动机蜗轮叶片、燃烧室气膜孔，并且可以达到无再铸层、无微裂纹的加工效果。

2）激光切割。激光切割适合加工由耐热合金、钛合金、复合材料制成的零件。目前，薄材的激光切割速度可达15m/min。激光切割的切缝窄，一般在0.1～1mm之间，且热影响区只有切缝宽的10%～20%，最大切割厚度可达45mm，已被广泛应用于飞机三维蒙皮、框架、舰船船身板架、直升机旋翼、发动机燃烧室等的加工。与传统的板材加工方法相比，激光切割具有高切割质量（切口宽度窄、热影响区小、切口光洁）、高切割速度、高柔性（可随意切割任意形状）、材料适应性强等优点。

在汽车工业中，激光加工技术充分发挥了其先进、快速、灵活的加工特点。如在汽车样机和小批量生产中大量使用三维激光切割机，不仅节省了样板及工装设备，还大大缩短了生产准备周期。

3）激光焊接。与其他焊接技术相比，激光焊接的主要优点是：速度快，深度大，变形小，能在室温或特殊的条件下进行焊接，焊接设备装置简单。当激光通过电磁场时，激光束不会偏移，能在电磁场中进行焊接；激光在空气及其他气体中均能施焊；还能通过玻璃等对光束透明的材料进行焊接。激光经聚焦后，功率密度高，在进行高功率器件焊接时，深宽比可达5∶1，最高可达10∶1。可焊接难熔材料如钛、石英等，并能对异质材料施焊，效果良好；也可用激光进行微型焊接，激光束经聚焦后可获得很小的光斑，且能精密定位，可应用于大批量自动化生产的微、小型元件的组焊中；可施行非接触远距离焊接，焊接难以接近的部位，具有很大的灵活性；在YAG激光技术中采用光纤传输技术，使激光焊接技术获得了更为广泛的推广与应用；激光束易实现光束按时间与空间分光，能进行多光束同时加工及多工位加工，为更精密的焊接提供了条件。

4）激光快速成形。在工业发达国家，激光加工技术和计算机数控技术及柔性制造技术相结合后，派生出了激光快速成形技术。该项技术不仅可以快速制造模型，还可以直接将金属粉末熔融，制造出金属模具。激光快速成形技术已经显示出了广阔的应用前景。

5）激光的表面热处理。用激光对金属工件表面进行快速扫描，使工件表面在极短的时间内被加热到相变温度。由于热传导的作用，处于冷态的基体使其迅速冷却而进行自冷淬火，从而实现工件表面的相变硬化。目前，激光表面强化、表面重熔、合金化、非晶化处理技术被应用得越来越广。

6）切割和雕刻。激光切割机主要用于切割有机玻璃、塑料、胶合板、纸、布、云母板等非金属材料，切割有机玻璃的厚度可达10mm；激光刻划机则主要用于钢、铸铁等机械零部件的商标、文字刻划；激光打标是利用高能量密度的激光对工件进行局部照射，使表层材料汽化或发生颜色变化的化学反应，从而留下永久性标记的一种打标方法。激光打标可以打出各种文字、符号和图案等，字符大小可以从毫米到微米级，可用于产品的防伪。

7）激光微细加工在电子、生物、医疗工程等方面的应用已成为无可替代的特种加工技术。

五、电子束加工

1. 电子束加工的概念

电子束加工（Electron Beam Machining，EBM）是在真空条件下，利用聚焦后能量密度极高（$10^6 \sim 10^9 W/cm^2$）的电子束，在极短的时间（几分之一微秒）内以极高的速度冲击到工件表面极小的面积上后，由于其能量的大部分转变为的热能，使被冲击部分的工件材料达到几千摄氏度以上的高温，从而引起材料的局部熔化和汽化，并被真空系统抽走的加工技术。

2. 电子束加工原理

真空中灼热灯丝的阴极发射出的电子，在高电压（30～200kV）的作用下会被加速到很高的速度，然后通过电磁透镜会聚成一束高功率密度的电子束（图3-49）。当冲击到工件时，电子束的动能立即转变为热能，产生极高的温度，足以使任何材料瞬间熔化、汽化，从而可进行焊接、穿孔、刻槽和切割等加工。电子束加工之所以一般在真空中进行，是因为电子束和气体分子碰撞时会产生能量损失和散射。

电子束加工装置（图3-50）是由产生电子束的电子枪、加速电子束的加速阳极、

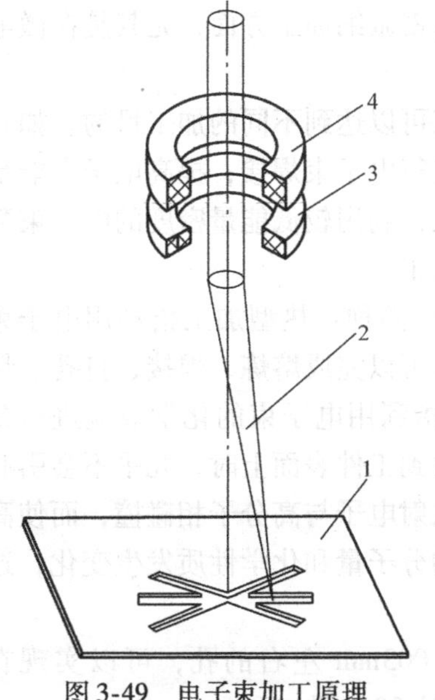

图3-49　电子束加工原理

1—工件　2—电子束

3—偏转线圈　4—电磁透镜

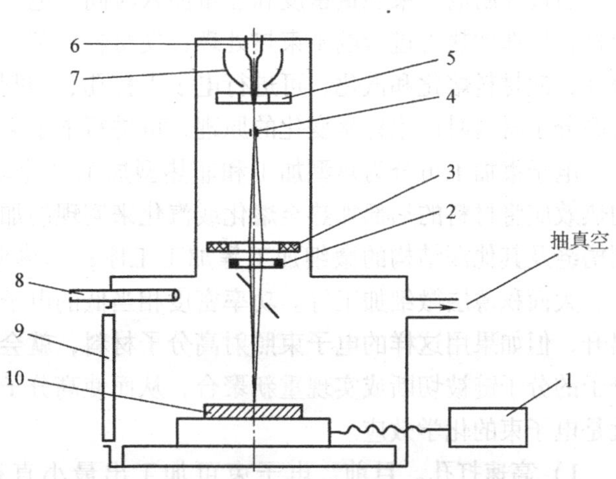

图3-50　电子束加工装置结构示意图

1—工作台系统　2—偏转线圈　3—电磁透镜　4—光阑

5—加速阳极　6—发射电子的阴极　7—控制栅极

8—光学观察系统　9—带窗真空门　10—工件

聚焦电子束的电磁透镜、使电子束偏转的偏转线圈、放置工件的真空室以及观察装置等部分组成。先进的电子束加工装置采用计算机数控装置对加工条件和加工过程进行控制，以实现高精度的自动化加工。电子束加工装置的功率根据用途不同而有所不同，一般为几千瓦至几十千瓦。

3. 电子束加工的特点及应用

（1）电子束加工的特点

1）可进行精密微细加工。由于电子束能够实现极其微细的聚焦，甚至能聚焦到0.1μm的程度，所以加工面积可以很小，是一种精密微细的加工方法。

2）属非接触式加工，加工范围较广。电子束加工可使工件上被照射部分的温度超过材料的熔化和汽化温度，去除材料主要靠瞬时蒸发的办法，因此是一种非接触式加工。在加工过程中，工件不受机械力作用，不会产生变形。电子束加工可加工的材料范围很广，脆性、韧性、导体、绝缘体及半导体材料都可作为加工对象。

3）电子束的能量密度高，因而加工速度快，生产率很高。

4）加工过程易于实现自动化，加工轨迹可以调整。由于在加工过程中电子束的强度、位置、聚焦等都可以通过磁场或电场进行直接控制，所以整个加工过程易于实现自动化。

5）加工条件较好。由于电子束加工是在真空中进行，因而在加工过程中所受污染较少，工件的加工表面也不会氧化，特别适用于易氧化的金属、合金材料及纯度要求极高的半导体材料的加工。

6）加工成本较高。电子束加工需要一整套专用设备和真空系统，其价格较贵，在生产中应用时有一定局限性。

7）加工过程中应考虑X射线的防护问题。

（2）电子束加工的应用

电子束加工是近年来有较大发展的新兴特种加工，在精密微细加工方面，尤其是在微电子领域中有较多的应用。

通过控制电子束能量密度和能量注入时间，电子束加工可以达到不同的加工目的。如只使材料局部加热可进行电子束热处理；使材料局部熔化可进行电子束焊接；提高电子束能量密度，使材料熔化和汽化，可进行电子束打孔、切割等加工；利用较低能量密度的电子束轰击高分子材料时产生化学变化的原理，可进行电子束光刻加工。

电子束加工可分为热型加工和非热型加工（化学加工）两种：热型加工指利用电子束的热效应将材料的局部加热至熔化或汽化来实现的加工，其可以完成熔炼、焊接、打孔、切割槽缝及其他深结构的微细加工等加工工序；非热型加工指利用电子束的化学效应进行刻蚀、大面积薄层微细加工等。功率密度相当低的电子束照射到工件表面上时，几乎不会引起温升，但如果用这样的电子束照射高分子材料，就会由于入射电子与高分子相碰撞，而使高分子的分子链被切断或实现重新聚合，从而使高分子材料的分子量和化学性质发生变化，这就是电子束的化学效应。

1）高速打孔。目前，电子束可加工出最小直径为0.003mm左右的孔，可以实现在0.1mm厚的不锈钢上加工直径为0.2mm的孔，加工速度可达3000孔/s。

专用塑料打孔机可将电子枪发射的片状电子束分成数百条小电子束同时进行打孔，其速度可达50000孔/s，孔径范围为120~40μm。在人造革、塑料上用电子束打出大量微孔，可使其具有真皮一样的透气性。

电子束打孔还能加工出小深孔，如在叶片上打深度 5mm、直径 0.4mm 的孔，孔的深径比大于 10：1。

2）加工型孔及特殊表面。电子束可以用来加工各种复杂型孔和表面，切口宽度为 3～6μm，边缘表面粗糙度可控制在 *Ra*0.5μm 左右。

电子束不仅可以加工出各种直的型孔和型面，还可以加工出弯孔和曲面。利用电子束在磁场中偏转的原理，电子束可实现在工件内部偏转。通过控制电子束的速度和磁场强度，即可控制偏转的曲率半径，加工出弯曲的孔。如图 3-51a 所示是对长方形工件施加磁场后，一边用电子束轰击，一边依箭头方向移动工件，即可加工出如实线所示的曲面。经图 3-51a 所示的加工后，改变磁场极性再进行加工，就可获得如图 3-51b 所示的工件。按同样的原理，可加工出如图 3-51c 所示的弯缝。如果工件不移动，只改变偏转磁场的极性，就可加工出如图 3-51d 所示的一个入口两个出口的弯孔。

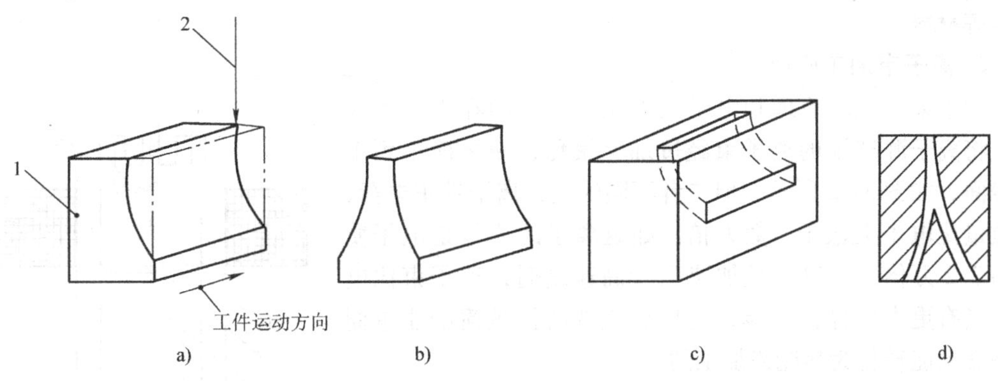

图 3-51　电子束加工曲面、弯孔

1—工件　2—电子束

3）刻蚀。在微电子器件生产中，为了制造多层固体组件，可利用电子束在陶瓷或半导体材料上刻出许多微细沟槽和孔来，如在硅片上刻出宽 2.5μm，深 0.25μm 的细槽，在混合电路电阻的金属镀层上刻出 40μm 宽的线条；还可在加工过程中对电阻值进行测量校准，这些都可以在计算机的自动控制下完成。

4）焊接。电子束焊接已被成功地应用在特种材料、异种材料、空间复杂曲线、变截面焊接等方面。目前，科研人员正在研究焊缝自动跟踪、填丝焊接、非真空焊接等焊接技术。电子束焊接的最大焊接熔深可达 300mm，焊缝深宽比可达 20：1。电子束焊接已用于运载火箭、航天飞机等主承力构件、大型结构的组合焊接，以及飞机梁、框、起落架部件、发动机整体转子、机匣等重要结构件和核动力装置压力容器的制造上。

5）热处理。用电子束作热源，适当控制电子束的功率密度，使金属表面加热而不熔化，就可以达到热处理的目的。电子束热处理的加热速度和冷却速度都很快，在相变过程中，奥氏体化时间很短，只有几分之一秒至千分之一秒。奥氏体来不及长大，从而能获得一种超细晶粒组织，可使工件获得用常规热处理不能达到的硬度，硬化深度可达 0.3～0.8mm。

电子束热处理与激光热处理类同，但电子束的电热转换率高，可达 90%，而激光的光热转换效率只有 7%～10%，所以电子束热处理工艺有很好的发展前途。

6）光刻。电子束光刻是先利用低功率密度的电子束照射被称为电致抗蚀剂的高分子材料，由于入射电子与高分子相碰撞，从而使分子链被切断或重新聚合而引起分子量的变化，这一步骤称为电子束曝光。如果按规定图形进行电子束曝光，就会在电致抗蚀剂中留下潜像。然后将它浸入适当的溶剂中，由于分子量不同溶解度不一样，就会使潜像显影出来。将光刻与离子束刻蚀或蒸镀工艺结合，就能在金属掩模或材料表面上制出图形来。

六、离子束加工

1. 离子束加工的概念

利用惰性气体或其他元素的离子在电场中加速所形成的高速离子束流，来实现各种微细加工的方法称为离子束加工（Ion Beam Machining，IBM）。离子束加工是加工分辨率很高的一种新兴微细加工技术，能加工的工件材料很广泛，除玻璃与陶瓷外，还可加工各种金属与晶体等材料。

2. 离子束加工原理

离子束加工的原理和电子束加工类似，即在真空条件下，将离子源产生的离子束经过加速聚焦，使之撞击到工件表面，如图3-52所示。但二者不同的是，离子带正电荷，其质量比电子大数千、数万倍，如氩离子的质量是电子质量的7.2万倍，所以一旦加速到较高速度时，离子束比电子束具有更大的撞击动能，它是靠微观的机械撞击能量而不是靠动能转化为热能来加工的。

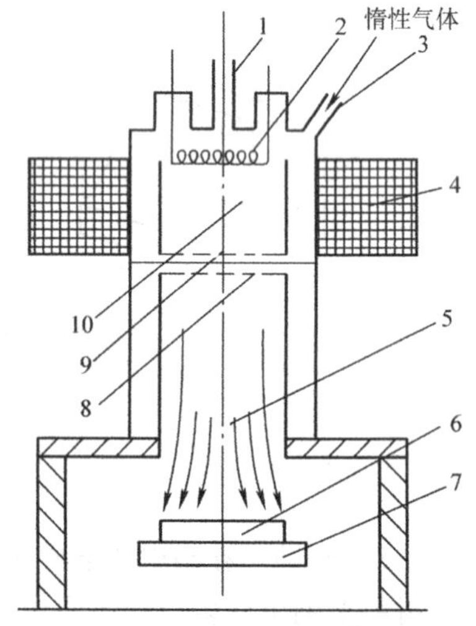

图3-52 离子束加工原理
1—真空抽气口 2—灯丝 3—惰性气体入口 4—电磁线圈 5—离子束流 6—工件 7—阴极 8—引出电极 9—阳极 10—电离室

离子束光刻与电子束光刻的原理不同，它是通过离子束的力学作用去除照射部位的原子或分子，直接完成图形的刻蚀的。另外，也可以不将离子聚焦成束状，而使它大体均匀地进行大面积投射，同时使用掩膜对加工部位进行限制，从而实现微细图形的光刻加工。

3. 离子束加工的特点及应用

离子束加工是一种新兴微细加工方法，在亚微米至纳米级精度的加工中很有发展前途。离子束加工对工件几乎没有热影响，也不会引起工件表面应力状态的改变，因而能得到很高的表面质量。离子束光刻可以提高图形的分辨率，可以得到线条宽度小于0.1μm的微细图形。但是，目前离子束加工在技术上不如电子束加工成熟。

（1）离子束加工的特点

1）属于精密微细的加工方法。由于离子束可以通过电子光学系统进行聚焦，加之离子束轰击材料时是逐层去除原子，离子束流密度及离子能量可以精确控制，所以离子刻蚀可以达到纳米级的加工精度；离子镀膜可以控制在亚微米级精度；离子注入的深度和浓度也可极精确地控制。因此，离子束加工是所有特种加工方法中最精密、最微细的加工方法，是当代纳米加工技术的基础。

2）加工条件较好。由于离子束加工是在高真空中进行的，所以加工过程中所受污染少，特别适用于易氧化的金属、合金材料和高纯度半导体材料的加工。

3）加工质量较高。离子束加工是靠离子轰击材料表面的原子实现的，它是一种微观作用，宏观作用力很小，所以加工应力、热变形等极小，加工质量高，适合于各种材料和低刚度零件的加工。

4）加工成本较高。离子束加工设备成本高，加工效率低，因此应用范围受到一定的限制。

（2）离子束加工的应用

1）离子刻蚀（离子铣削）（图3-53a）。离子刻蚀指用离子束轰击工件，将原子从工件表面撞击溅射出来，以达到刻蚀目的的加工方法。为了避免入射离子与工件材料发生化学反应，离子刻蚀必须使用惰性元素的离子。氩气的原子序数高，而且价格便宜，所以通常用氩离子进行轰击刻蚀。

离子刻蚀可用于加工陀螺仪空气轴承和动压马达上的沟槽，其分辨率高，精度、重复性好。加工非球面透镜能达到其他方法不能达到的精度。

离子刻蚀应用的另一个方面是刻蚀高精度的图形，如集成电路、磁泡器件、光电器件和光集成器件等微电子器件的亚微米图形。

2）离子溅射沉积（镀膜加工）（图3-53b）。离子溅射沉积指用离子轰击某种材料制成的靶，离子将靶材原子击出，沉积在靶材附近的工件上，使工件表面镀上一层薄膜的加工方法。工件表面镀上的薄膜是表面功能涂层，其具有高硬度、耐磨、抗蚀性能，可显著提高零件的寿命，在工业上具有广泛的用途。

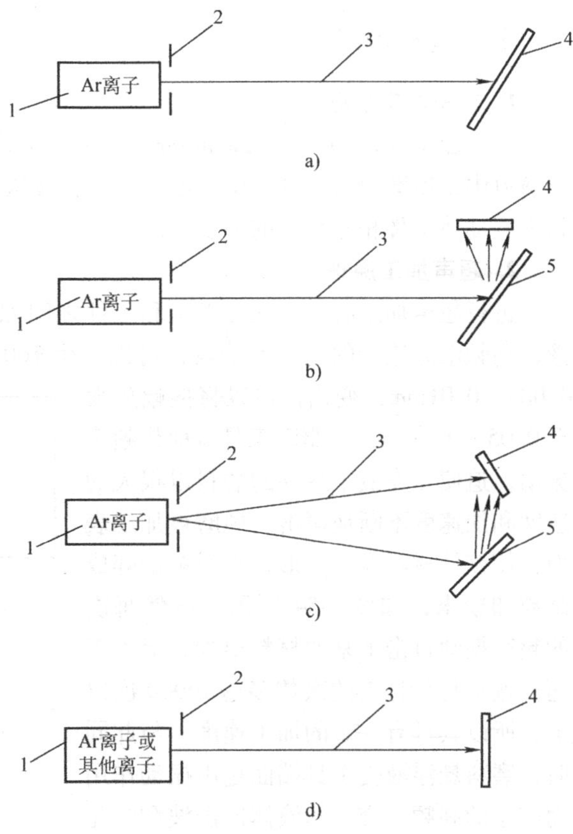

图3-53 各类离子束加工示意图

a）离子刻蚀 b）离子溅射沉积 c）离子镀 d）离子注入

1—离子源 2—吸极（吸收电子，引出离子）

3—离子束 4—工件 5—靶材

美国及欧洲国家目前多数用微波ECR等离子体源来制备各种功能涂层。等离子体热喷涂技术已经进入工程化应用，广泛应用在航空、航天、船舶等领域的关键零部件耐磨涂层、密封涂层、热障涂层和高温防护层等方面。

3）离子镀（离子溅射辅助沉积）（图3-53c）。在镀膜时，离子同时轰击靶材和工件表面，目的是为了增强膜材与工件基材之间的结合力。

离子镀膜附着力强，膜层不易脱落，已用于镀制润滑膜、耐热膜、耐蚀膜、耐磨膜、装饰膜和电气膜等。使用离子镀代替镀铬工艺，可减少镀铬对环境的影响。用离子镀方法在切削刀具表面镀氮化钛、碳化钛等超硬层，可提高刀具的耐用度。

4）离子注入（图3-53d）。离子注入可向工件表面直接注入离子，其不受热力学限制，可以注入任何离子，且注入量可以精确控制。注入的离子固熔在工件材料中，含量可达10%～40%，注入深度可达1μm甚至更深。

通过离子注入改善金属表面性能，正在形成一个新兴的领域。利用离子注入可以改变金属表面的物理化学性能，得到新的合金，从而改善材料的耐腐蚀性能、抗疲劳性能、润滑性能、耐磨性能等。

七、超声加工

1. 超声加工的概念

超声加工（Ultrasonic Machining，USM）指将超声振动的工具置于有磨料的液体介质或干磨料中，使磨料对工件产生冲击、抛磨、液压冲击及气蚀作用来去除工件材料，以及利用超声振动使工件相互结合的加工方法。

2. 超声加工原理

进行超声加工时，首先在工具和工件之间加入液体（水或煤油等）和磨料混合的悬浮液，高频电源连接的超声换能器，可以产生16000Hz以上的超声频纵向振动，其振幅仅为0.005～0.01mm，变幅杆可以将振幅放大至0.05～0.1mm，并驱动工具端面作超声振动，迫使工作液中悬浮的磨料以很大的速度和加速度不断地撞击、抛磨被加工表面，使该处材料发生变形，直至被击碎成微粒和粉末，如图3-54所示。虽然每次的超声振动打击下来的材料很少，但由于超声振动每秒打击的次数多达16000次以上，所以其具有一定的加工速度。与此同时，磨料悬浮液受工具端面超声振动作用而产生的高频、交变的液体冲击波和空化作用，促使工作液渗入工件材料的微缝隙里，加剧了机械破坏作用，并有利于加工区磨料悬浮液的均匀搅拌和加工产物的排除。

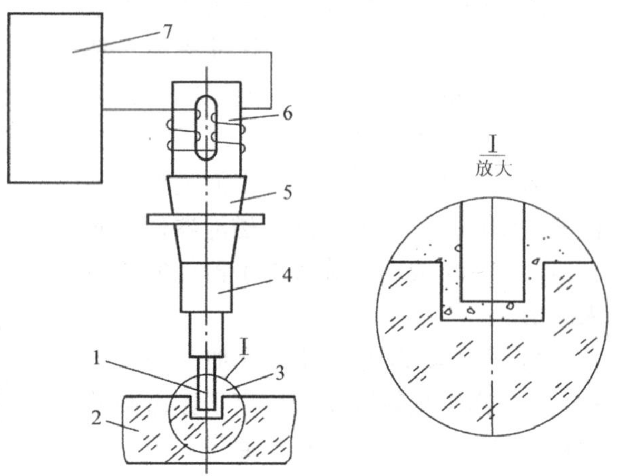

图3-54　超声加工原理图

1—工具　2—工件　3—磨料悬浮液　4、5—变幅杆　6—换能器　7—超声波发生器

所谓空化作用，指当工具端面以很大的加速度离开工件表面时，加工间隙内形成负压和局部真空，在工作液内形成很多微小空腔；当工具端面以很大的加速度接近工件时，微小空腔闭合，引起极强的液压冲击波，可以强化加工过程。

另外，磨料悬浮液不断地循环，变钝了的磨粒不断更新，加工产物不断排除，都有助于超声加工目的的实现。

总之，超声加工是磨料悬浮液中的磨粒在超声振动下的冲击、抛磨和空化现象综合切蚀作用的结果，但以磨粒不断冲击作用为主。由此可见，越是脆硬的材料，受到冲击作用时越容易被破坏，越适合于超声加工；而脆性和硬度不大的韧性材料，由于其对冲击作用具有很强的缓冲能力而难以被加工。

早期的超声加工主要依靠工具做超声频振动，使悬浮液中的磨料获得冲击能量，从而去除工件材料达到加工目的。此方法加工效率不高，且随着加工深度的增加而显著降低。后来，随着加工设备的发展和超声加工工艺的不断完善，人们逐渐采用了从中空工具孔内向孔外压入磨料悬浮液的超声加工方式，这种超声加工方式不仅可以大幅度地提高生产率，而且可以扩大超声加工孔的直径及孔深的范围。

3. 超声加工的特点及应用

（1）超声加工的特点

1）适应范围广。各种硬脆材料，尤其是玻璃、陶瓷、宝石、石英、锗、硅、石墨等不导电的非金属材料均可进行超声加工；超声加工也可用于加工淬火钢、硬质合金、不锈钢、钛合金等硬质的金属材料，但加工效率较低。

2）加工质量较好。由于超声加工去除工件材料，主要依靠磨料瞬时局部的冲击作用，故工件表面受到的宏观切削力很小，切削应力、切削热更小，不会产生变形及烧伤。因此，超声加工适于加工薄壁、窄缝、低刚度零件，且加工出的零件表面粗糙度值较低，Ra 值可达0.63～0.08μm，尺寸精度可达0.01～0.02mm。

3）超声加工机床的结构比较简单，操作、维修也比较方便；工具可用较软的材料做成复杂的形状，且不需要工具和工件作复杂的相对运动，便可加工出各种复杂的型腔和型面。

4）生产率较低。超声加工的加工面积不够大，而且加工时工具头磨损较大，故生产率较低。

（2）超声加工的应用

1）型孔、型腔加工。超声加工可对脆硬材料进行圆孔、型腔、型孔、套料、微细孔等加工，如图3-55所示。

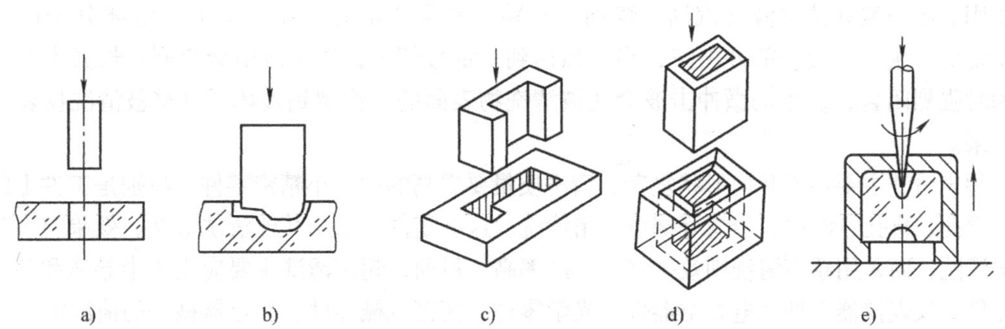

图3-55 超声加工的型孔、型腔类型

a）加工圆孔 b）加工型腔 c）加工异形孔 d）套料加工 e）加工微细孔

2）切割加工。用普通机械加工脆硬的半导体材料是很困难的，采用超声加工来切割则较为有效。图3-56a即为超声切割单晶硅片示意图，图3-56b为超声切割使用的切割刀具，图3-56c则为使用超声切割加工出的陶瓷模块。

3）复合加工。超声加工在加工硬质合金、耐热合金等材料时，加工效率较低、工具损耗较大。为了提高加工效率及降低工具损耗，可以把超声加工和其他加工方法相结合进行复合加工，如采用超声加工与电化学或电火花加工相结合的方法来加工喷油嘴、喷丝板上的小孔或窄缝，可以大大提高加工速度和质量。

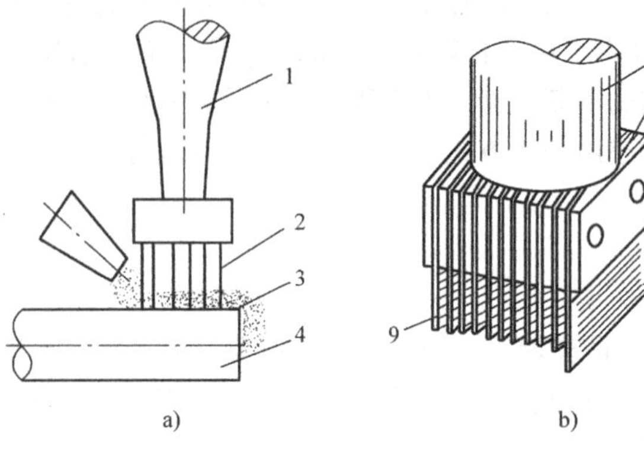

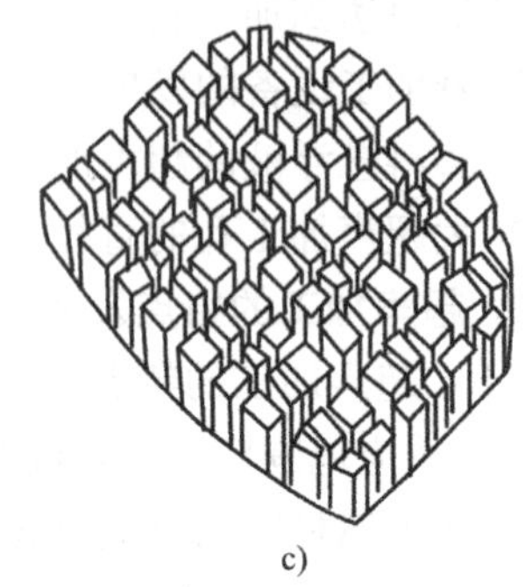

图 3-56 超声切割加工

a）超声切割单晶硅片示意图 b）切割刀具 c）超声切割加工出的陶瓷模块

1—变幅杆 2—工具（薄钢片） 3—磨料液 4—工件（单晶硅）

5—变幅杆 6—焊缝 7—铆钉 8—导向杆 9—软钢刀片

4）焊接加工。超声焊接是利用超声频振动作用，去除焊接对象表面的氧化膜，使本体材料显露出来，在表面分子的高速振动下，焊接对象因被加热而连接在一起的加工方法。超声焊接不仅可以焊接尼龙、塑料及表面易生成氧化物的铝制品等，还可以在陶瓷等非金属表面挂锡、挂银、涂覆薄层。由于超声焊接不需要外加热和焊剂，焊接热影响区很小，施加压力微小，故可焊接直径或厚度很小的（0.015～0.03mm）不同金属材料，也可焊接塑料薄纤维及不规则形状的硬热塑料。目前，大规模集成电路引线连接等，已广泛采用超声焊接。

5）超声清洗。超声清洗的原理主要是基于超声频振动在液体中产生的交变冲击波和空化作用。超声波在清洗液（汽油、煤油、酒精、丙酮或水等）中传播时，液体分子往复高频振动会产生正负交变的冲击波，当声强达到一定数值时，清洗液中会急剧生长微小空腔并会瞬时强烈闭合，产生的微冲击波会使被清洗物表面的污物遭到破坏，并从被清洗物表面脱落下来。

超声清洗主要用于几何形状复杂、清洗质量要求高的中、小精密零件，特别是工件上的微孔、弯孔、盲孔、沟槽、窄缝等部位的精清洗。这些零件如采用其他清洗方法，效果差，甚至无法清洗，而采用超声清洗则效果好、生产率高。目前，超声清洗主要应用于半导体和集成电路元件、仪表仪器零件、电真空器件、光学零件、精密机械零件、医疗器械等的清洗中。

6）无损探伤。无损探伤是在不损坏工件或原材料的前提下，对检验对象的表面和内部质量进行检查的一种测试手段。超声探伤的原理是：超声波在被检测材料中传播时，材料的声学特性和内部组织结构会对超声波的传播产生一定的影响，通过对超声波受影响程度和状况的探测，我们可以了解材料性能和结构的变化。

八、水射流切割

1. 水射流切割的概念

水射流切割（Water Jet Cutting，WJC）又称液体喷射加工（Liquid Jet Machining，LJM），是利用高压高速水流对工件的冲击作用来去除材料的，有时简称水切割，俗称水刀。如图 3-57 所示，即为用水射流切割加工的零件。

a)

b)

图 3-57　水射流切割产品
a）工艺品　b）石材拼花

2. 水射流切割原理

水射流切割是采用水或含有添加剂的水，使其以 500 ~ 900m/s 的高速冲击工件而进行的加工或切割（图 3-58）。水从水泵抽出后，先经过贮液蓄能器，以使水流平稳，然后通过增压器增压，最后水从孔径为 0.1 ~ 0.5mm 的人造蓝宝石喷嘴中喷出，直接压射在加工工件上，水流的功率密度可达 10^6W/mm^2，加工中被水流冲刷下来的“切屑”随着液流排出。

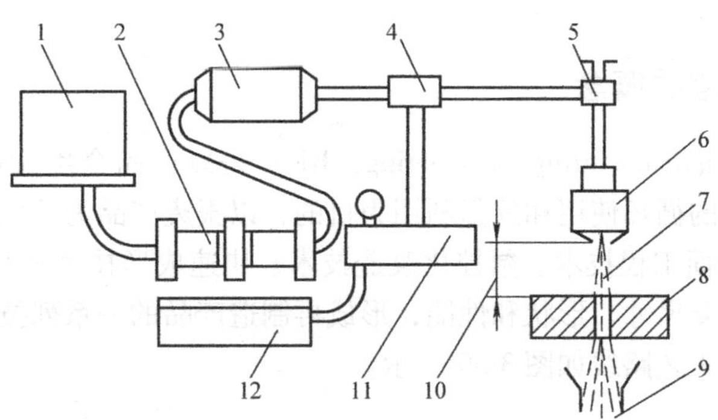

图 3-58　水射流切割原理
1—带有过滤器的水箱　2—水泵　3—贮液蓄能器　4—控制器　5—阀　6—蓝宝石喷嘴
7—射流　8—工件　9—排水口　10—压射距离　11—液压机构　12—增压器

水射流切割的加工深度取决于水流喷射的速度、压力以及压射距离；切割速度取决于工件材料，并与所用的加工功率成正比，与材料厚度成反比；切割精度主要受喷嘴轨迹精度的影响，切缝大约比所采用的喷嘴孔径大 0.025mm；在水中加入添加剂能改善切割性能和减少切割宽度，在水中混入磨料细粉，可提高切割速度和厚度；另外，压射距离对切口斜度的影响很大，距离越小，切口斜度也越小。

3. 水射流切割的特点及应用

（1）水射流切割的特点

1）水射流切割是集机械、电子、计算机、自动控制技术于一体的高新技术，是近年兴起的一项冷态切割新工艺，是目前世界上先进的切割工艺方法之一。

2）可节约材料和加工成本。与传统的切割工艺相比，水射流切割具有切缝窄（0.075～0.40mm），切口平整，无热变形，无边缘毛刺，切割速度快，效率高等特点。

3）水射流切割不破坏材料内部组织，可提高被切割材料的疲劳寿命。

4）对切割材料无选择，适用材料范围较广。水射流切割已被广泛用于铝、铅、铜、钛合金板、不锈钢、复合材料、陶瓷、玻璃、石棉、混凝土、岩石、软木、胶合板、橡胶、棉布、纸、塑料、皮革等近80种材料的切割中。

5）切割时无尘，无味，无毒，无火花，振动小，噪声低，切割过程无污染。

6）影响水射流切割广泛应用的主要因素是一次性投资较高。

（2）水射流切割的应用场合

1）可以切割各种金属、非金属材料，各种硬、脆、韧性材料、复合材料。

2）水射流切割可以代替硬质合金切槽刀具，用于加工厚度从几毫米到几百毫米的材料。

3）由于加工温度较低，水射流切割可加工木板和纸品，还可以在经化学加工的零件保护层表面划线。

4）水射流切割尤其适合恶劣的工作环境和有防爆要求的危险环境。

第十二节　再制造工程

一、再制造工程的概念

再制造工程（Remanufacturing Engineering，RE）是以产品全生命周期理论为指导，以报废设备及其零部件的循环使用和反复利用为目的，以报废产品为毛坯，采用先进再制造成形技术（包括高新表面工程技术、数控化改造技术、快速成形技术及其他加工技术），使报废设备及其零部件恢复尺寸、形状和性能，形成再制造产品的一系列技术措施或工程活动的总称。再制造工程的工艺路线如图3-59所示。

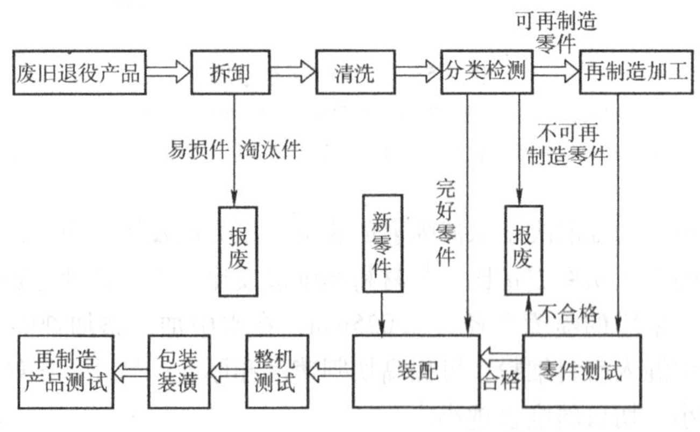

图3-59　再制造工程的工艺路线简图

二、再制造工程的现状分析

在20世纪的100年中，人类创造的物质财富超过了以往5000年的历史总和，但也极大消耗了地球资源，所造成的环境污染超出了大自然的恢复能力。随着资源的日益枯竭和环境污染的加剧，人们逐渐认识到可持续发展战略的重要意义，并不断探索实现可持续发展的手段。再制造工程就是在人类对资源要求的日益增长和对环境保护的迫切需要的情况下，形成的一门新的工程学科，因其巨大的资源、环境、社会效益而受到世界各国的重视，成为落实可持续发展战略的重要技术支撑。

目前，再制造工程已经在工业发达国家得到了广泛的研究和应用。美国于20世纪90年代建立了国家再制造与资源回收中心、再制造研究所以及再制造工业协会。欧洲的一些国家也通过了有利于再制造工程的相关法律和法规。在我国，再制造工程研究受到了政府有关部门的高度重视，并将机电设备和国防装备再制造中的有关重要技术，如再制造设备失效行为分析及寿命评估、设备再制造的纳米复合及原位自修复生长成形技术、再制造部件和产品综合性能在线检测和计算机模拟等，列入先进制造技术发展前瞻和国家自然科学基金机械学科优先资助项目，一个优质、高效、低耗、清洁、具有中国特色的再制造工程将在我国蓬勃发展。

再制造工程是废旧装备高技术维修的产业化工程，再制造出来的产品是新产品而不是旧产品，其重要特征是再制造产品的质量和性能可以达到或超过新品，而成本却只有新品的50%，制造过程节能60%，节材70%，对环境的不良影响显著降低。传统产品的全生命周期是“研制→使用→报废”，其物流是一个开环系统。而再制造产品的全生命周期是“研制→使用→再生”，其物流是一个闭环系统，这是对全生命周期理论的深化和发展。再制造工程的迅速发展是可持续发展战略的必然要求，因其在产品中明显的后发优势及巨大的资源、环境、社会效益而得到了广泛的重视，也必将在更多的产品领域中得到应用。

三、再制造工程的特点

传统制造是将原材料经过加工制造成产品的过程，而再制造是以废旧产品中可继续使用或可修复再用的零部件作为毛坯制造产品的过程。再制造工程不但能延长产品的使用寿命，提高产品的技术性能，还可以为产品设计、改造和维修提供信息，最终达到产品的全生命周期费用最合理，最大限度地发挥产品作用的效果。再制造工程的特点主要体现在以下几个效益上：

1. 资源效益

再制造工程能够节约大量的材料和能源。由于再制造是直接利用产品的零部件进行生产，所以原产品第一次制造中的大部分材料（约85%～95%）和能源（约85%）得以保留，因此再制造工程减少了因产品零件生产对材料和能源的需求而造成的资源消耗。

2. 环保效益

再制造工程使大量的废旧产品得到了再生，减少了掩埋土地使用量和直接掩埋对环境造成的污染，而且再制造工程避免了再循环等低效益的回收处理方式对环境造成的二次污染。由于再制造生产是从零部件开始，减少了零部件本身的加工，从而大大减少了产品生产过程中对环境的污染和危害。再制造工程已被看做是减少温室气体排放量、改善气候的一个重要措施。

3. 社会经济效益

再制造工程的社会经济效益表现在多个方面：

1）再制造是一个巨大的产业，能够创造可观的经济收入。现在美国每年在再制造领域可以生产的产品价值约为1.4万亿美元，为再制造产品原有价值的26倍，可见，再制造业未来的发展潜力十分巨大。

2）再制造业是一个劳动密集型产业，能够创造大量的就业机会。进行再制造生产的企业可作为一个培训产业工人并促进就业的重要场所。

3）再制造减少了废旧产品的环保处理量和新产品的生产量，减少了环境污染，避免了处理产品废弃物所耗费的巨额开支。

4）由于再制造生产的起点是原产品的零部件，因而其保留了大量原制造过程中注入的材料、能源、设备磨损、劳动力等附加值。且再制造产品一般能够直接再用原产品中50%～90%的零件，所以在保证性能与新品相当的情况下，再制造产品价格一般是新品的40%～70%，物美价廉的再制造产品可以极大地促进人们生活水平的提高。

四、再制造与维修、再循环的区别

1. 再制造不同于维修

维修是在产品的使用阶段为了保持其良好状况及正常运行而采取的技术措施，常具有随机性、原位性、应急性；而再制造是将大量相似的废旧产品回收拆卸后，按零部件的类型进行收集和检测，将有再制造价值的废旧产品作为再制造毛坯，利用高新技术对其进行批量化修复、性能升级的过程，所获得的再制造产品在技术性能上能达到甚至超过新品。

2. 再制造不同于再循环（回收利用）

再循环是通过回炉冶炼等加工方式，得到低品质的原材料的过程，再循环过程中要消耗较多的能源，对环境有较大的影响；再制造是以废旧零部件为毛坯，通过高新技术加工获得高品质、高附加值产品的过程，其消耗的能源少，最大限度地保留了废旧零部件中蕴含的价值，且成本要远远低于新品。

思考与练习

1. 现代加工技术包含哪些加工技术？
2. 现代加工技术有何特点？其发展趋势如何？
3. 制造自动化技术经历了哪几个发展阶段？其发展趋势如何？
4. 什么叫先进制造技术？先进制造技术有什么特点？
5. 先进制造技术是在什么背景下提出的？提出后产生了什么影响？
6. 什么叫超高速加工技术？超高速加工技术有什么特点？
7. 什么叫超精密加工技术？其发展趋势如何？
8. 什么叫微细加工技术？通过查找资料了解当前最新的微细加工技术有哪些。
9. 什么叫快速成形技术？快速成形技术的原理是什么？
10. 快速成形过程包含哪几个步骤？
11. 快速成形技术与传统加工技术相比有何特点？
12. 常用的快速成形技术有哪些？除了本书所介绍的快速成形技术外，目前还有哪些快速成形技术？
13. 什么叫数控技术？数控加工有什么特点？
14. 数控加工编程有哪些方法？各用于什么场合？
15. 柔性制造系统与传统的刚性制造系统相比有哪些特点？有何应用？

16. 通过查找资料了解我国目前在柔性制造系统方面有哪些具体应用。

17. 什么叫计算机集成制造？什么叫计算机集成制造系统？

18. 计算机集成制造系统有何特点？其发展趋势如何？

19. 什么叫绿色制造？人们为什么要提出绿色制造的概念？

20. 什么叫智能制造？通过查找资料了解国内外最新的智能制造动态。

21. 什么叫特种加工？特种加工有何特点？

22. 特种加工主要应用于哪些领域？目前存在哪些问题？

23. 除了本书介绍的特种加工技术外，目前还有哪些特种加工技术？

24. 通过查找资料了解线切割中快走丝、慢走丝和中走丝三种加工形式的具体内容。

25. 为什么激光可以作为加工能源，而普通的可见光却不能？

26. 再制造工程与废品回收利用相比有何异同？

27. 现代加工制造技术包含的内容相当广泛，且处于动态发展中，除了本书所介绍的内容外，试通过各种途径了解其他的现代加工制造技术。

第四章　现代制造管理技术

◇知识能力目标

1. 掌握现代制造管理技术的概念，了解现代制造管理技术的发展历程，了解现代制造管理技术的特点。

2. 掌握全面质量管理的概念，了解全面质量管理的发展历程，了解全面质量管理的特点。

3. 掌握六西格玛管理的概念，了解六西格玛管理的发展历程，了解六西格玛管理的特点。

4. 掌握成组技术的概念，了解成组技术发展的背景，了解成组技术的应用。

5. 掌握即时生产的概念，了解即时生产的产生背景，了解即时生产的特点，了解实施即时生产的条件。

6. 掌握物流管理的概念，了解物流管理的发展历程，了解物流管理的作用。

7. 掌握物料需求规划、制造资源规划、企业资源规划的概念，了解企业资源规划的内涵，了解企业资源规划的特点。

8. 掌握并行工程的概念，了解并行工程的发展历程，了解并行工程的目标，了解并行工程的特点。

9. 掌握精益生产的概念，了解精益生产的产生背景，了解精益生产的特点。

10. 掌握敏捷制造的概念，了解敏捷制造的产生背景，了解敏捷制造的特点。

11. 了解虚拟企业与虚拟开发的相关内容。

12. 掌握虚拟制造的概念，了解虚拟制造的产生背景，了解虚拟制造的特点，了解虚拟制造的应用效益。

第一节　概　　述

一、现代制造管理技术的相关概念

1. 管理的概念

管理的概念具有多义性，它不仅有广义和狭义之分，而且因时代、社会制度和学科领域的不同，人们对其有不同的解释和理解。随着生产方式社会化程度的提高和人类认识领域的拓展，人们对管理的认识和理解的差别还会更为明显。

一般认为，管理是指把各个分散的元素有力地、合理地结合成整体，从而使各个元素的资源得到最大化利用的过程。

2. 现代制造管理技术的概念

生产技术诞生与发展的目的都是为了更好地利用资源，更有效地再造资源。没有先进的生产技术，我们得不到更高级更有用的可以满足人们需求的资源；没有合理的生产管理技术，我们的资源就不会得到优化合理的分配利用，这会造成资源的内耗浪费，甚至使人们不能得到想要的资源。如果我们把技术比做人的手足，那么管理就是控制手足的大脑。所以，我们在追求更为先进的生产技术的同时，更要优化管理技术。

现代制造管理技术是以计算机为手段，以用户为中心，调动企业的一切积极因素，来实现柔性化生产，以提高企业的市场竞争力，使企业取得尽可能高的经济效益的先进管理方法和模式。

二、制造管理技术的发展历程

18 世纪的工业革命，使手工作坊式的生产迅速向工场式生产转变，现代意义上的制造业得以诞生。进入 20 世纪后，制造业已经成为一个重要的产业，产品制造由手工单件制作发展到由机器进行批量生产。到了 20 世纪 50 年代，制造业的大批量生产方式逐渐形成并不断得到完善，刚性自动化生产线即为这一阶段的典型制造系统。20 世纪 60 年代以后，随着市场竞争的加剧，大批量生产方式开始向多品种、中小批量生产方式转变，数控加工技术、柔性制造系统应运而生，成为多品种、中小批量生产方式的标志性技术。20 世纪的最后 10 年，伴随高新技术的迅猛发展及经济全球化进程的加速，以计算机集成制造、敏捷制造、虚拟制造、智能制造、绿色制造等为代表的先进制造技术不断涌现，制造业迎来了新的发展时期。

在制造技术不断发展的同时，新的制造管理技术也在同步发展。20 世纪出现的大批量生产方式，其标志为福特汽车公司的流水生产线，而它正是建立在专业化分工和标准化等管理思想的基础上的。20 世纪 50 年代以后，在制造领域先后出现了成组技术、全面质量管理、物料需求规划、即时生产、产品数据管理、企业资源规划等科学的管理思想和管理方法。近 20 年来，在并行工程、敏捷制造、虚拟制造、绿色制造等先进制造技术中，更是蕴藏了丰富的管理科学理念和新型管理模式。

三、现代制造管理技术的基本特点

1. 以人为本的思想

以人为本是现代管理科学的基本特征，是现代制造系统中管理技术的重要思想。在制造系统的所有资源中，人是最宝贵和最重要的资源，是一切制造活动的主体。在工业化生产过程中，人们在利用制造技术追求生产的高效率和高利润的过程中，往往容易忽视人的作用与价值，在这方面也曾有过教训与代价。因此，现代制造管理技术在不断发展的过程中，越来越重视人力资源的作用和意义，强调人的巨大价值，以充分发挥其在制造系统中的积极作用。

2. 重视发挥信息技术的作用

由于现代制造过程中蕴含的信息量大、信息种类繁多，因此，信息处理技术成为了企业制造系统管理的基础。在制造企业的组织与管理中，建立高效完善的信息化系统是一项非常重要的工作。事实上，制造系统中的许多重要管理技术，如全面质量管理、产品数据管理、企业资源规划、并行工程、电子商务、敏捷制造、虚拟制造等，都需要信息技术作为它们的支撑技术与关键技术。

3. 强调组织、技术与管理的集成

按照系统工程的观点，只有将系统中的诸多要素进行协调与统筹，才能实现系统的最优

化。在现代制造系统中，制造技术的发展日新月异，企业组织结构及管理模式也在不断变革，如何实现组织、技术与管理等的协调发展和有效应用，就显得尤为重要。因此，现代制造系统中的管理技术，比过去任何时期都更加重视组织、技术与管理等要素的协调与集成。

进入21世纪后，人类社会走向了知识经济时代。随着管理科学的不断发展，随着先进制造技术向着柔性化、集成化、网络化、虚拟化、智能化、清洁化、全球化的方向发展，现代制造管理技术也将迎来新的发展时期。

第二节 全面质量管理

一、全面质量管理的概念

全面质量管理这个概念，最早是由美国的著名专家 A. V. Feigenbaum 于20世纪60年代初提出来的，它是在传统的质量管理基础上，随着科学技术的发展和经营管理上的需要而发展起来的现代化质量管理，现已成为一门系统性很强的科学。

全面质量管理（Total Quality Management，TQM）是指在全社会的推动下，企业中所有部门、所有组织、所有人员都以产品质量为核心，把制造技术、管理技术、数理统计技术集合在一起，建立起一套科学、严密、高效的质量保证体系，以控制生产过程中影响质量的因素，从而以优质的工作、最经济的办法来提供满足用户需要的产品的全部活动。

质量是设计和制造出来的，而不是检验出来的。产品质量有一个逐步实现的过程，如图4-1所示。从图中可以看到，产品质量形成的全过程包括若干环节，这些环节构成了一个质量系统。系统目标的实现取决于每个环节质量职能的落实和各环节间的协调。因此，必须对质量形成的全过程进行计划、组织和控制，开展全面质量管理。

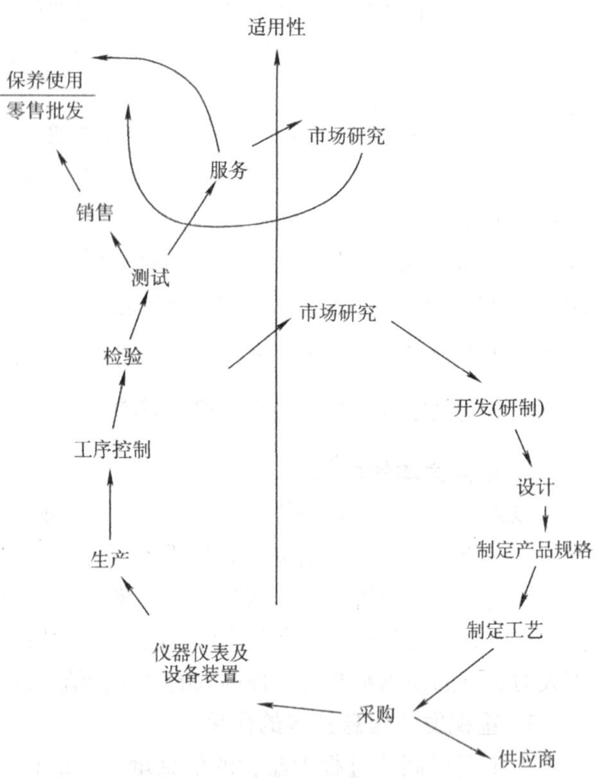

图4-1 产品质量形成的全过程曲线

二、质量管理的发展历程

一般认为，现代意义上的产品质量管理经历了三个阶段：

1. 产品质量检验阶段

在质量管理的早期，为了有效地保证产品质量，人们在生产过程中专门安排单独的质量检验环节，来对产品进行质量检验。由于这种产品质量检验是在生产完成后进行的，所以这种质量管理方式显然是被动的。

2. 统计质量控制阶段

随着科学技术的发展，人们在生产过程中开始探寻更为主动的预防不合格产品的办法。1924 年，美国学者 W. A. Shewhart 根据数理统计原理，提出了一种统计质量控制（Statistical Quality Control，SQC）方法——质量控制图法，它的基本思路是：利用过去的经验来预测产品质量可能出现问题的环节及其可能性。之后，美国学者 H. F. Dodge 和 H. G. Romig 于 1929 年提出了抽样检验法，这对于那些必须通过破坏性试验进行质量检验的产品，具有特别重要的意义。

3. 全面质量管理阶段

第二次世界大战之后，产品结构与性能的日益复杂，对产品质量管理提出了新的挑战。美国学者 Feigenbaum 和 M. Juran 先后提出了全面质量控制（Total Quality Control，TQC）的概念。20 世纪 60 年代以来，全面质量控制的理论不断深入人心，进而发展为全面质量管理。从此，制造企业的产品质量管理逐渐进入了全面质量管理时代。

质量管理三个阶段的主要特点及对比如表 4-1 所示。

表 4-1 不同质量管理阶段的特点及对比

对 比 内 容	产品质量检验阶段	统计质量控制阶段	全面质量管理阶段
生产特点	手工、半机械生产	大批量生产	现代化生产
管理特点	事后消极控制	事前积极预防	防检结合，全面管理
管理范围	生产过程	制造过程	产品质量形成全过程
参与人员	检验部门人员	技术与检验部门人员	企业全体员工

三、全面质量管理的特点

1. 采用科学的、系统的方法满足用户需求

在全面质量管理中，“用户至上”是十分重要的指导思想。“用户至上”思想的应用就是要在企业全体员工中树立以用户为中心，使产品质量和服务质量全面地满足用户需求；产品质量的衡量要以用户的满意程度为标准。

2. 以预防为主的事先控制

预防性质量管理是全面质量管理区别于质量管理初级阶段的特点之一。进入 20 世纪 90 年代后，新的生产模式，包括即时生产、精益生产、敏捷制造等对事先控制提出了更高的要求。在产品的生产阶段，除了统计过程控制外，新的基于计算机的预报、诊断技术及控制技术受到越来越广泛的重视，使生产过程的预防性质量管理更为有效。

3. 计算机支持的质量信息管理

及时、正确的质量信息是企业制定质量相关政策，确定质量相关目标和实施质量相关措施的依据，质量信息的及时处理和传递是生产过程实现质量控制的必要条件。在这种背景下，信息技术、计算机集成制造等技术的发展，为企业实施全面质量管理提供了有力的支持。

4. 突出人的作用

与产品质量检验阶段和统计质量控制阶段相比较，全面质量管理阶段格外强调调动人的积极性的重要性，即实现全面质量管理必须要充分调动人的积极性，加强人的质量意识，发挥人的主观能动性。

第三节　六西格玛管理

一、六西格玛管理的概念

六西格玛（Six Sigma，6σ，6Σ，6Sigma）管理是一种管理技术，它是一种能够严格、集中、高效地改善企业流程管理质量的实施原则。它包含了众多管理领域内的先进成果，以“零缺陷”的完美追求，带动成本的大幅度降低，最终实现财务成效的显著提升与企业竞争力的重大突破。六西格玛管理的体系结构如图 4-2 所示。

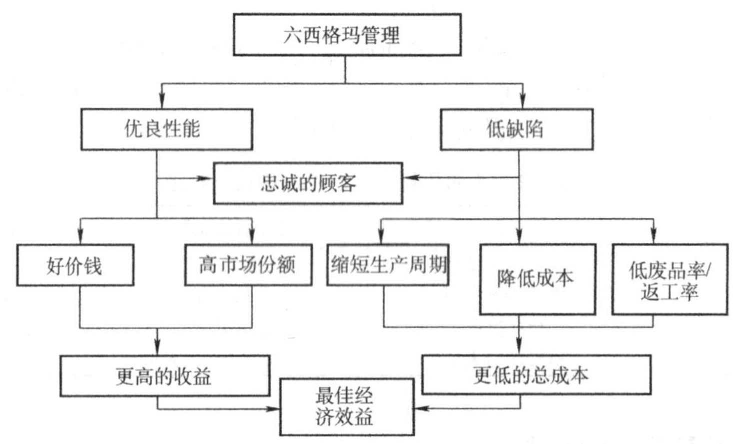

图 4-2　六西格玛管理的体系结构

西格玛即希腊字母 σ 的译音，是统计学上用来衡量工艺流程中的变化性而使用的代码。企业也可以用西格玛的级别来衡量其在商业流程管理方面的表现。一般公司对产品品质要求已提升至 3σ 水平，产品的合格率已达 99.73% 的水平，即每 1000 件产品中只有 2.7 件为次品。很多人认为产品合格率达至此水平已非常令人满意。可是，研究结果表明，如果产品合格率只能达到 99.73% 的话，以下事件便会持续地在现实中发生：每年有 20000 次配错药事件；每年有超过 15000 婴儿出生时会被抛落到地上；每年有 9 小时没有水、电、暖气供应；每星期有 500 起手术事故；每小时有 2000 封信邮寄错误。由此可以看出，随着人们对产品质量要求的不断提高和现代生产管理流程的日益复杂化，企业越来越需要像六西格玛这样的高端流程质量管理标准，以保持激烈市场竞争中的优势地位。企业如果不断追求产品品质的改进，达到六西格玛的程度，就几近于完美地满足了顾客的要求，在 100 万个产品里，只有 3.4 个有瑕疵。

二、六西格玛管理的发展历程

六西格玛作为品质管理概念，最早是由摩托罗拉公司的比尔·史密斯于1986年提出的，其目的是设定一个目标：在生产过程中降低失误次数，防止产品出现质量问题，提升产品品质。

六西格玛管理真正流行并发展起来，是在通用电气公司。20世纪90年代中期，六西格玛开始被通用电气公司从一种全面质量管理方法，演变成为一种高度有效的企业流程设计、改善和优化的技术，并提供了一系列同样适用于设计、生产和服务的新产品开发工具。继而与通用电气公司的全球化、服务化、电子商务等战略齐头并进，成为全世界追求卓越管理企业的最为重要的战略举措。该管理法在摩托罗拉、通用电气、戴尔、惠普、西门子、索尼、东芝等众多跨国企业得到了应用，且实践证明是卓有成效的。因此，我国一些部门和机构开始在国内企业中大力推广并引导开展六西格玛管理。

三、六西格玛管理的特点

作为持续性的质量改进方法，六西格玛管理具有如下特征：

1. 对顾客需求的高度关注

六西格玛管理以广泛的视角，关注生产中影响顾客满意的所有方面。六西格玛管理的绩效评估首先从顾客开始，其改进的程度用顾客满意度和对价值的影响来衡量。六西格玛质量代表了产品对顾客要求的极高满足度和极低的缺陷率。它把顾客的期望作为目标，并且不断超越这种期望，如图4-3所示。

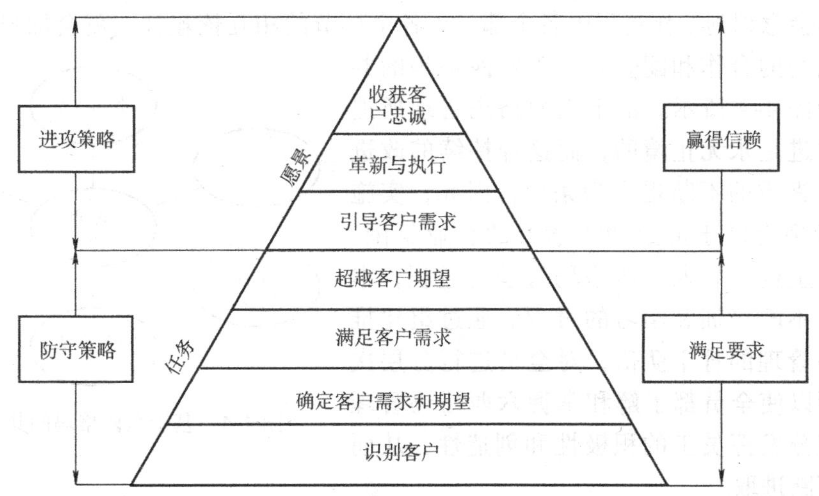

图4-3　六西格玛管理对顾客的关注层次

2. 高度依赖统计数据

统计数据是实施六西格玛管理的重要工具，即以数字说明一切，所有的生产表现、执行能力等，都量化为具体的数据，结果一目了然。决策者及经理人可以从各种统计报表中找出问题在哪里，真实掌握产品不合格情况和顾客抱怨情况等。而改善的成果，如成本节约、利润增加等，也都以统计资料与财务数据为依据。

3. 重视改善业务流程

传统的质量管理理论和方法往往侧重结果，通过在生产的终端加强检验以及开展售后服务来确保产品质量。然而，生产过程中已产生的废品对企业来说却已经造成损失，售后维修需要花费企业额外的成本支出。更为糟糕的是，由于生产中允许出现一定比例的废品已司空见惯，所以人们逐渐丧失了主动改进产品质量的意识。

六西格玛管理将质量管理的重点放在产生缺陷的根本原因上，认为质量是靠流程的优化，而不是通过严格地对最终产品的检验来实现的。企业应该把质量管理的重点放在认识、改善和控制产生产品缺陷的原因上，而不是放在质量检查、售后服务等活动上。质量管理不是企业内某个部门和某个人的事情，而是每个部门及每个人的工作，追求完美应成为企业每一个成员的目标。六西格玛管理通过一整套严谨的工具和方法，来帮助企业推广实施流程优化工作，识别并排除那些不能给顾客带来价值的成本浪费，消除无附加值活动，缩短生产、经营循环周期。

4. 积极开展主动改进型管理

掌握了六西格玛管理方法，就好像找到了一个重新观察企业的放大镜。人们惊讶地发现，缺陷犹如灰尘，存在于企业生产中的各个角落。这使管理者和员工感到不安，都想要变被动为主动，努力为企业做点什么。员工会不断地问自己：现在到达了几个 σ？问题出在哪里？能做到什么程度？通过努力产品质量提高了吗？这样，企业就始终处于一种不断改进的过程中。

5. 倡导无界限合作、勤于学习的企业文化

六西格玛管理扩展了合作的机会。当人们确实认识到流程改进对于提高产品品质的重要性时，就会意识到工作流程中各个部门、各个环节的相互依赖性，就会加强部门之间、上下环节之间的合作和配合。基于六西格玛的共同价值观如图 4-4 所示。由于六西格玛管理所追求的品质改进是永无止境的，而这种持续的改进必须以员工素质的不断提高为条件，因此，实施六西格码管理有助于形成勤于学习的企业氛围。事实上，在企业中导入六西格玛管理的过程，本身就是一个不断培训和学习的过程。通过组建推行六西格玛管理的骨干队伍，对全员进行分层次的培训，可以使全员都了解和掌握六西格玛管理的要点，充分发挥员工的积极性和创造性，从而在实践中不断进取。

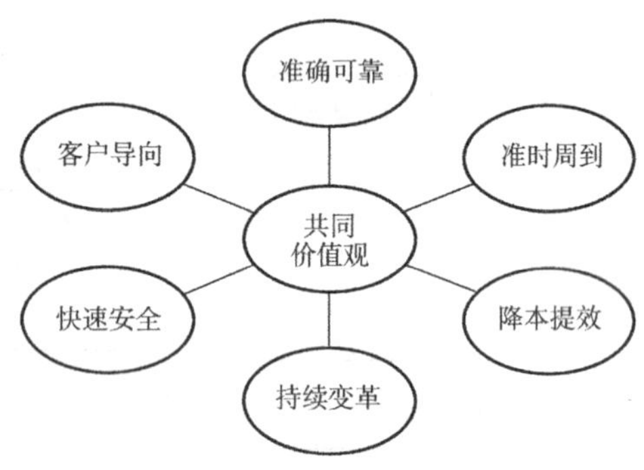

图 4-4 基于六西格玛的共同价值观

第四节 成组技术

一、成组技术的概念

成组技术（Group Technology，GT）是一门生产技术科学，它揭示和利用事物间的相似性，将许多具有相似信息的研究对象按照一定的准则分类成组，并用大致相同的方法来解决这一组研究对象的生产技术问题。这样就可以发挥规模生产的优势，达到提高生产效率、降低生产成本的目的，以取得所期望的经济效益。成组技术的基本原理如图4-5所示。

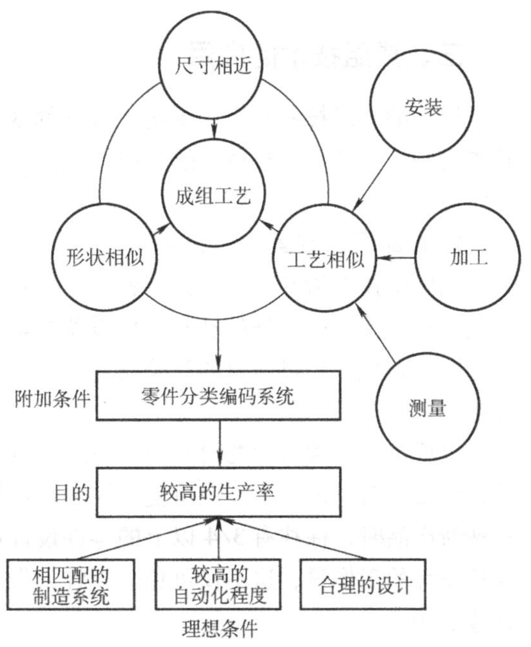

图4-5　成组技术的基本原理

成组技术应用于制造业，是将品种众多的零件按其工艺的相似性分类成组，以形成为数不多的零件族，从而把同一零件族中分散的小生产量汇集成较大的成组生产量，使小批量生产能获得接近于大批量生产的经济效益。这样，成组技术就巧妙地把品种多转化为了“少”，把生产量小转化为了“大”，为提高多品种、小批量生产的经济效益提供了一种有效的方法。比如，波音客机的客舱共有八个舱门，虽然各个舱门的结构都不一样，但是其98%的机械零件都是通用的（图4-6），使用成组技术可大大降低舱门的生产成本。

a)

b)

图4-6　成组技术应用于飞机制造

a）波音客机　b）客机舱门

二、成组技术发展的背景

随着人类生活水平的提高和社会的进步，人们追求个性化、特色化产品的现象日益普遍。在为人们提供日常生活所需各种产品的制造业中，大批量生产方式越来越少见，单件小批量生产方式越来越普遍。这种现状带来了生产中的一些改变：生产计划、组织管理复杂化；零件从投料到加工完成的总生产时间较长，生产准备工作量大；产量小，使得先进制造技术的应用受到限制。

为此，制造技术的研究者提出了成组技术的科学理论及实践方法，从根本上解决了生产中由于品种多、产量小带来的困扰。

三、成组技术的应用

目前的成组技术是应用系统工程学的观点，把中、小批量生产中的设计制造和管理等方面作为一个生产系统整体，统一协调生产活动的各个方面，全面实施成组技术以提高综合经济效益。

1. 产品设计方面

用成组技术指导产品设计，就赋予了各类零件以更大的相似性，这为在制造管理方面实施成组技术奠定了良好的基础，可以使之取得更好的效果。此外，由于新产品具有继承性，所以以往累积并经过考验的有关设计和制造的经验可以再次应用，这有利于保证产品质量的稳定。

以成组技术为指导的设计合理化和标准化工作将为实现计算机辅助设计奠定良好的基础，为设计信息最大程度地重复使用，加快设计速度，节约时间做出贡献。据统计，当设计一种新产品时，往往有3/4以上的零件设计可参考借鉴或直接引用原有的产品图样，从而减少新设计的工作量，这不仅可免除设计人员的重复性劳动，也可以减少工艺准备工作和降低制造费用。

2. 制造工艺方面

成组技术在制造工艺方面最先得到广泛应用。应用开始时成组技术用于成组工序，即把加工方法、安装方式和机床调整相近的零件归为一零件组，设计出适用于加工全组零件的成组工序。成组工序允许采用同一设备和工艺装备，以及相同或相近的机床调整加工全组零件。这样，只要能按零件组安排生产调度计划，就可以大大减少由于零件品种更换所需要的机床调整时间。此外，由于零件组内诸零件的安装方式和尺寸相近，故工程技术人员可以设计出应用于成组工序的公用夹具——成组夹具。只需进行少量的调整或更换某些零件，成组夹具就可适用于全组零件的工序安装。

成组技术亦可应用于零件加工的全工艺过程。为此，应将零件按工艺过程相似性分类以形成加工族，然后针对加工族设计成组工艺过程。成组工艺过程是成组工序的集合，可以按标准化的工艺路线采用同一组机床加工全加工族的诸零件。

3. 生产组织管理方面

成组加工将零件按工艺相似性分类形成加工族，加工同一加工族零件时有相应的一组机床设备。这为成组生产系统按模块化原理组织生产，即采取成组生产单元的生产组织形式创造了条件。在一个生产单元内，有一组工人操作一组设备，生产一个或若干个相近的加工族，在此生产单元内可完成诸零件全部或部分的生产加工。因此，我们可以认为成组生产单元是以加工族为生产对象的产品专业化或工艺专业化（如热处理等）的生产基层单位。

成组技术是计算机辅助管理系统技术得以应用的基础之一。这是因为成组技术可将大量信息分类成组，并使之规格化、标准化，有助于建立结构合理的生产系统公用数据库，可大量压缩信息的储存量。由于成组技术不再分别针对一个工程问题和任务设计程序，因而其可优化程序设计。

近年来，成组技术与数控技术、计算机技术相结合，技术水平有了很大提高，应用范围不断扩大，在产品设计、制造工艺、生产组织与管理等方面均有显著的应用效果，如新零件设计数可减少52%，生产准备时间可减少69%，劳动生产率可提高33%，生产周期可缩短

70%，零件成本可降低43%。并已发展成为柔性制造系统和计算机集成制造系统的基础。

第五节　即时生产

一、即时生产的概念

即时生产（Just In Time，JIT）又称准时生产，其基本思想可以简单地概括为：只在需要的时候，按需要的质和量生产所需的产品，其体系结构如图4-7所示。

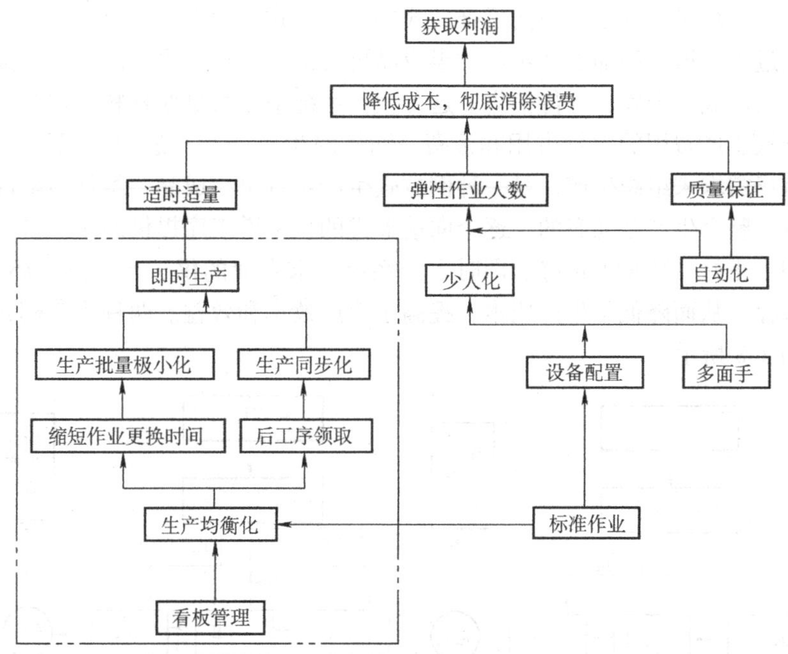

图4-7　即时生产的体系结构

二、即时生产的产生背景

20世纪50年代以后，制造技术进入一个快速发展时期，数控技术、机器人技术、自动物料搬运技术、成组技术等纷纷投入使用。但是，从制造管理的角度来看，大部分制造技术都是通过减少加工时间来提高生产效率，而很少从压缩库存和减少加工辅助时间等角度来提高生产效率，降低生产成本。

即时生产是20世纪70年代末由日本丰田汽车制造公司创立并实施的一种现代企业生产管理模式，其宗旨是企业使用最少的设备、装置、物料和人力资源，在规定的时间、地点，提供必要数量的零部件，达到以最低的成本、最高的效益、最好的质量、零库存进行生产的目的。为了实现这样的生产目的，丰田汽车制造公司开发了包括“看板管理”在内的一系列具体方法，并逐渐形成了一套独具特色的生产体系。看板管理利用卡片作为传递作业指示的一种控制工具，使生产、存储的各个环节按照卡片作业的指示，相互协调一致地进行无缝配合，有效地组织输入、输出物流，满足用户的需要，从而使整个物流过程实现准时化和库存储备最小化，即所谓零库存。

即时生产在最初引起人们注意时曾被称为“丰田生产方式”，后来，由于这种生产方式所具有的独特性和有效性，而被人们广泛认识、研究和应用，特别是引起西方国家的广泛关注后，开始被称为即时生产。

三、即时生产的特点

1. 即时生产是一种积极的、动态的系统

与传统的“推动（push）”的组织方式不同，即时生产采用“拉取（pull）”的组织方式。传统的生产系统采用的是由前向后推动式的生产方式，即由原材料仓库向第一道工序供应原材料，经过第一道工序加工和生产，半成品再交由第二道工序，以此向后推，直到制成成品并将其转入产成品仓库，等待销售。这种生产系统中，大量原材料、在制品、产成品的存在，必然导致生产费用的大量占用和浪费。而即时生产的基本思想是以用户（市场）为中心，根据市场需求来组织生产，是一种倒拉式生产：订单→成品→组件→配件→零件→原材料→供应商。整个生产是动态的、逐个向前逼进的，上道工序提供的正好是下道工序所需要的，且时间上正好，数量上正好。即时生产系统要求企业的供、产、销各环节紧密配合，大大降低了库存，从而降低了生产成本，提高了生产效率和效益。两种生产模式的生产指令下达方式如图 4-8 所示。

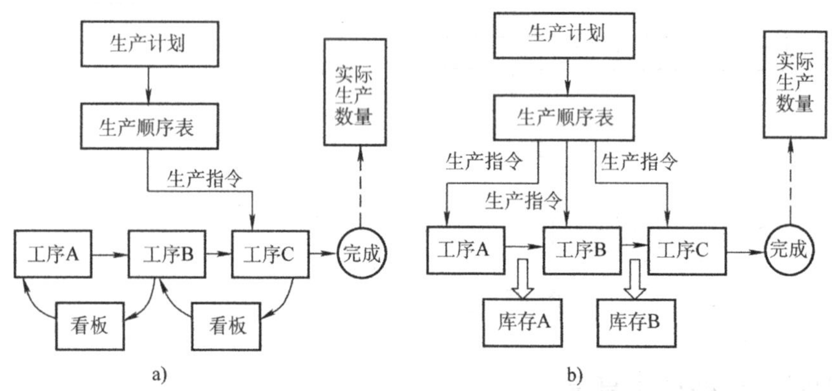

图 4-8 即时生产和传统生产的生产指令下达方式

a）即时生产中的生产指令（物流与信息流方向相反，计划生产数量与实际生产数量相同）

b）传统生产中的生产指令（物流与信息流方向相同，计划生产数量与实际生产数量不同）

“拉取”思想的基本原则是从一个实际客户表示对一件实际产品的需要开始，然后倒推至生产领域，目标是把合意的产品交给客户，而不是把用户不想要的产品硬推给他们。“拉取”原则更深远的意义在于能抛开预测，直接按用户的实际需要进行生产。

2. 即时生产是实行全面质量管理的有效前提

采用“拉取”组织方式的即时生产中，前一工序的操作是把下一工序作为用户来对待的，下一工序用客户的眼光来检查上一道工序传来的零件。工序间的这种关系是实现全面质量管理的有效前提。

3. 即时生产采用强制性方法解决生产中存在的不足

即时生产不仅是一种管理理念，而且是一种先进的生产组织方式。在生产过程中，它一

环扣一环，不允许任何一个环节出错。零库存和零缺陷是即时生产的追求目标，即时生产认为库存是万恶之源，库存将生产中的许多矛盾掩盖起来，使矛盾不易被发现而得不到及时解决。采用即时生产，由于库存已降低到最低状态，生产无法容忍任何中断，所以整个生产过程必须精心组织安排，避免任何可能出现的问题。

四、实施即时生产的条件

在理想的即时生产系统中，不存在提前进货的情况，因而可使库存费用降至最低。即时生产要获得成功需要具备以下条件：

1）完善的市场经济环境，信息技术发达。

2）可靠的供应商，可以按时、按质、按量地供应原材料，企业通过电话、传真、网络即可完成采购。

3）生产的合理组织，制订符合要求、易于产品流动的生产线。

4）生产系统要有很强的灵活性，要使为改变产品品种而进行的生产设备调整时间接近于零。

5）平时要注重设备维修、检修和保养，以使生产中设备失灵的可能性为零。

6）完善的质量保证体系，做到产成品无返工，次品、不合格品为零。

7）生产中工作人员的注意力要高度集中，要保证各类生产事故的发生率为零。

第六节 物流管理

一、物流管理的概念

1. 物流管理

物流管理（Logistics Management，LM）是指在生产过程中，根据物质资料实体流动的规律，相关人员应用管理的基本原理和科学方法，对物流活动进行计划、组织、指挥、协调、控制和监督，使各项物流活动实现最佳的协调与配合，以降低物流成本，提高物流效率和经济效益的管理活动。

2. 物流管理的内涵

物流管理包括三个方面的内容：

1）对物流活动诸要素的管理，包括运输、储存等环节的管理。

2）对物流系统诸要素的管理，即对物流系统中的人、财、物、设备、方法和信息等六大要素的管理。

3）对物流活动中具体职能的管理，主要包括对物流计划、质量、技术、经济等职能的管理等。

二、物流管理的发展历程

物流管理科学是近30年以来，在国外兴起的一门建立在系统论、信息论和控制论基础上的新学科，它是管理科学的新的重要分支。随着生产技术和管理技术的提高，企业之间的竞争日趋激烈。人们逐渐发现，企业在降低生产成本方面的竞争似乎已经走到了尽头，产品质量的好坏也仅仅是一个企业能否进入市场参加竞争的敲门砖。这时，竞争的焦点开始从生产领域转向非生产领域，转向那些分散的、孤立的，被视为辅助环节而不被重视的诸如运输、存储、包装、装卸、流通等物流活动领域。人们开始研究如何在这些领域里降低成本，提高服务质量，以创造“第三个利润源泉”。此后，物流管理从企业传统的生产和销售活动中分离出来，成为独立的研究领域和学科。物流管理科学的诞生使原来在经济活动中处于潜隐状态的物流系统显现出来，它揭示了物流活动各个环节的内在联系，它的发展和日臻完善，成了现代企业在市场竞争中制胜的法宝。

物流管理的发展经历了配送管理、物流管理和供应链管理3个层次。物流管理起源于第二次世界大战中军队输送物资装备所发展起来的储运模式和技术。战后，这些技术被广泛应用于工业界，极大地提高了企业的运作效率，为企业赢得了更多的客户。当时的物流管理主要针对企业的配送部分，即在成品生产出来后，如何快速而高效地通过配送中心把产品送达客户，并尽可能维持最低的库存量。在这个初级阶段，物流管理只是在既定数量的成品生产出来后，被动地去迎合客户需求，将产品运到客户指定的地点，并在运输领域实现资源最优化使用，合理配置各配送中心的库存量。准确地说，这个阶段物流管理并未真正产生，出现的只是运输管理、仓储管理和库存管理。

现代意义上的物流管理出现在20世纪80年代。人们发现利用跨职能的流程管理的方式去观察、分析和解决企业经营中的问题非常有效。通过分析物料从原材料运到工厂，流经生产线上每个工作站，产出成品，再运送到配送中心，最后交付给客户的整个流通过程，企业可以消除很多看似高效率却实际上降低了整体效率的行为。因为每个职能部门都想尽可能地利用其产能，没有任何产能节余，一旦产品需求增加，则每个生产环节都会成为生产的瓶颈，导致整个生产流程的中断；又比如运输部作为一个独立的职能部门，总是想方设法降低运输成本，但若其因此将一笔必须加快运输的订单交付海运而不是空运，虽然会省下运费，却很可能会失去客户，导致企业整体上的失利。所以，传统的垂直职能管理已不适应现代工业化生产，而横向的物流管理却可以综合管理生产流程中的不同职能，以取得整体的最优化。在这个阶段，物流管理的范围扩展到除运输外的需求预测、采购、生产计划、存货管理、配送与客户服务等，以系统化管理企业的运作，达到整体效益的最大化。

现代物流不仅考虑从生产者到消费者的货物配送问题，而且还会考虑从供应商到生产者的原材料采购问题，以及生产者自身在产品制造过程中的运输、保管和信息等各个方面的问题，以全面地、综合地提高经济效益和效率。因此，现代物流是以满足消费者的需求为目标，把制造、运输、销售等统一起来考虑的一种战略措施。这与传统物流仅为“后勤保障系统”和“销售活动中起桥梁作用”的定位相比，在深度和广度上有了很大拓展。

三、物流管理的作用

1. 物流管理使产品成本有进一步降低的可能

有关研究表明，在制造企业中，生产过程中的运输与传送成本占总成本的30% ~75%，传送与等待时间占整个生产时间的95%。因此，有管理专家指出，物流管理是“降低成本的最后边界”，优良的物流管理可使产品成本得到进一步降低。

2. 物流管理可实现服务优势和成本优势的动态平衡

实施物流管理的目的，是要在尽可能低的总成本的基础上，实现既定的客户服务水平，即寻求服务优势和成本优势的动态平衡，并由此创造企业在竞争中的优势地位。根据这个目标，物流管理要解决的基本问题，简单地说，就是把合适的产品以合适的数量和合适的价格，在合适的时间和合适的地点提供给客户，如图4-9所示。

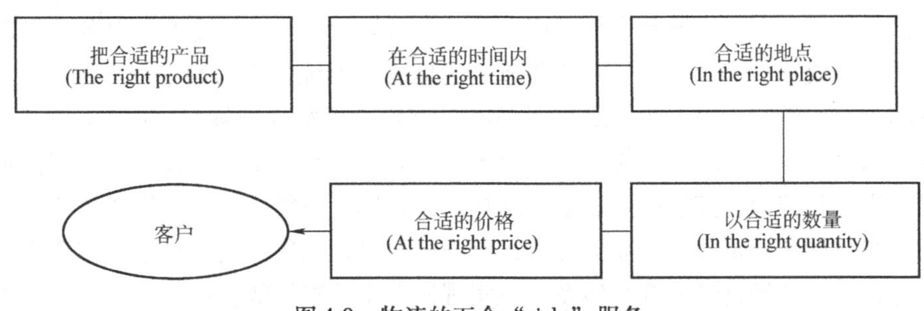

图4-9　物流的五个"right"服务

3. 物流管理强调运用系统方法解决问题

现代物流通常被认为是由运输、存储、包装、装卸、流通加工、配送和信息诸环节构成，各环节都有各自的功能、利益和观念。系统方法就是利用现代管理方法和现代技术，使现代物流的各环节共享总体信息，把所有环节作为一个一体化的系统来进行组织和管理，以使系统能够在总成本尽可能低的条件下，提供有竞争优势的产品和服务。系统方法认为，系统的效益并不是它们各个局部环节效益的简单相加。系统方法意味着，对于出现的某个方面的问题，要对其全部的影响因素进行分析和评价。从这一思想出发，物流系统并不简单地追求各个环节的最低成本，因为物流各环节之间存在相互影响、相互制约的倾向，比如过分强调包装材料的节约，就可能因其易于破损而造成运输和装卸费用的上升。因此，系统方法强调要进行总成本分析，以达到总成本最低，同时满足既定的客户服务水平。

第七节　企业资源规划

一、企业资源规划的发展历程

在产品制造的全过程中，企业的各种资源必须要得到有效配置与合理使用，因此，企业资源规划成为制造管理技术的重要内容。企业资源规划发展到今天，经历了一个从物料需求规划、制造资源规划到企业资源规划的发展过程。

1. 物料需求规划

随着计算机技术的迅猛发展，使得人们借助计算机信息管理系统对企业资源进行规划成为可能。物料需求规划就是这方面的早期代表。

物料需求规划（Material Requirement Plan，MRP）是指根据产品结构各层次物料的从属和数量关系，以每个物料为规划对象，以完成日期为时间基准倒排计划，按提前期长短区别各个物料下达计划时间的先后顺序，是一种工业制造企业内物资计划管理模式。物料需求规划根据市场需求预测和顾客订单制定产品的生产计划，然后基于产品制定进度计划，生成产品的材料结构表和库存状况，通过计算机计算所需物资的需求量和需求时间，从而确定材料的加工进度和订货日程。通俗地讲，物料需求规划是一种"既要低库存，又要不出现物料短缺”的规划方法。

2. 制造资源规划

制造资源规划是在物料需求规划的基础上发展起来的。物料需求规划作为生产管理系统，主要涉及物流，而资金流则未加考虑。因此，有必要将企业的生产、财务、采购和销售等各个子系统集成在一起，各个子系统集成后的集成化系统就称为制造资源规划（Manufacturing Requirement Planning）。为了区别于 MRP，将制造资源规划称作 MRPII。

作为一个以主生产计划库存管理为主要内容的闭环控制系统，制造资源规划使企业的信息变得更加规范与准确，其数据由制造资源规划数据库统一集中管理，供各部门共享；企业可以利用系统数据来分析和筛选业务方案，以使企业管理和决策更加科学。制造资源规划是一个比较完整的生产经营管理规划体系，是实现制造企业整体效益最优的有效管理模式。

3. 企业资源规划

随着制造管理技术的进一步发展，在制造资源规划的基础上又诞生了企业资源规划（Enterprise Resource Planning，ERP）系统。与制造资源规划的应用主要面向企业内部不同，企业资源规划的基本思想是将企业的运营流程看成是一个紧密连接的供应链，其中包括供应商、制造工厂、分销网络和用户等。通过企业资源规划可将用户需求和企业内部的制造活动以及供应商和分销商等资源整合在一起，体现了完全按用户需求制造的思想。

二、企业资源规划的内涵

企业资源规划是一种面向企业供应链的管理，其可对供应链上的所有环节进行有效管理。这些环节包括订单、采购、库存、计划、生产制造、质量控制、运输、分销、服务与维护、财务管理、人事管理、实验室管理、项目管理、配方管理等。企业资源规划支持 Internet/Intranet 环境工作模式，支持电子商务工作模式，近年来得到了迅猛的发展。

从管理功能的深度来看，企业资源规划增加了质量控制、产品储运、产品分销、售后服务、市场开发、人力资源管理、项目管理、投融资管理等功能，并将这些功能集成在企业供应链中；原制造资源规划系统成为企业资源规划的一个子系统，该子系统和其他子系统一起，将企业所有的制造场所、营销系统、财务系统等紧密结合起来，从而实现全球范围内的多工厂、多地点的跨国经营运作。

从管理功能的广度来看，企业资源规划已经超越了制造业领域，它的应用开始遍及其他行业，特别是金融、电信、零售以及高新产业等。企业资源规划在不同的行业中还形成了各自的特殊解决方案，成为企业资源规划发展新的增长点。

企业资源规划的核心管理思想是现代企业管理思想的具体体现，主要可以从以下几个方面进行阐述：

1. 体现事先计划与事中控制的思想

企业资源规划系统中的计划体系主要包括主生产计划、物流需求计划、采购计划、销售计划、财务预算、利润计划和人力资源计划等，而且这些计划体系的计划功能与价值控制功能已完全集成到整个供应链系统中；另一方面，企业资源规划系统通过财务管理，保证了资金流与物流的同步记录和数据的一致性，企业根据财务资金现状，就可以追溯资金的来龙去脉，进一步追溯所发生的相关业务活动，从而便于实现事中控制和实时作出决策。

2. 体现精益生产、并行工程和敏捷制造的思想

伴随制造技术的进步，现代企业管理理念也发生了深刻变革。企业资源规划是在精益生产、并行工程和敏捷制造等制造技术发展的过程中出现并不断完善的。

3. 体现对整个供应链资源进行管理的思想

在经济全球化的背景下，现代企业的竞争已经不再是单一企业个体之间的竞争，而是一个企业供应链与另一个企业供应链之间的竞争，即企业不但要依靠自己的资源，还必须把经营过程中的有关各方如供应商、制造工厂、分销网络、客户等纳入到一个紧密的供应链中，才能在市场上获得竞争优势。

三、企业资源规划的特点

1. 计算机信息处理功能更加强大

随着信息技术的飞速发展，网络通信技术的应用，企业资源规划系统实现了对整个供应链信息的集成管理。企业资源规划系统采用客户/服务器（C/S）体系结构和分布式数据处理技术，支持 Internet/Intranet/Extranet、电子商务、电子数据交换（Electronic Data Interchange，EDI）。此外，其还能实现在不同软件平台上的互操作。

2. 资源管理范围更加广泛

企业资源规划系统在制造资源规划的基础上扩展了管理范围，它把客户需求和企业内部的制造活动以及供应商的制造资源整合在一起，形成了一个完整的供应链，并可以对供应链上的所有环节进行有效管理。

3. 生产方式管理更加科学

制造资源规划阶段的生产方式管理，是将企业归类为几种典型的生产方式进行管理，如重复制造、批量生产、按订单生产、按订单装配、按库存生产等，对每一种类型都有一套管理标准。企业资源规划则能很好地支持和管理混合型生产方式，满足企业的多元化经营需求，实现了企业管理从“金字塔式”组织结构向“扁平式”组织结构的转变。

4. 管理功能更加全面和实时化

企业资源规划除了制造资源规划系统的制造、分销、财务管理功能外，还增加了支持整个供应链上物料流通体系中供、产、需各个环节之间的运输管理和仓储管理；支持生产保障体系的质量管理、实验室管理、设备维修和备品备件管理；支持工作流（业务处理流程）管理。制造资源规划一般只能实现事中控制，而企业资源规划系统强调企业的事前控制能力，它可以将设计、制造、销售、运输等通过集成来并行地进行各种相关的作业，为企业提供了对质量、适应变化能力、客户满意度、绩效等关键问题的实时分析能力。

5. 更好地满足企业跨国家（或地区）经营的需要

企业资源规划系统应用完整的组织架构，可以支持企业跨国经营的多国家（或地区）、多工厂、多语种、多币制的应用需求。

第八节　并行工程

一、并行工程的概念

并行工程（Concurrent Engineering，CE）是集成地、并行地进行产品设计及其相关的各种过程（包括制造过程和支持过程）的系统方法。这种方法要求产品设计人员从设计一开始就必须全面考虑产品全生命周期从产品概念的形成到产品报废处理的所有因素，包括质量、成本、进度计划和用户的要求等。

并行工程是将原来在时间上有先后顺序的知识处理和作业实施过程，转变为同时考虑和尽可能同时处理的一种作业方式，与传统的串行工程有较大的区别，如图 4-10 所示。

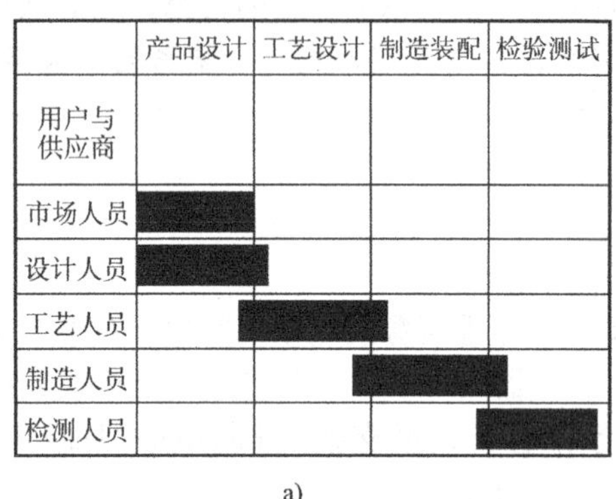

a)

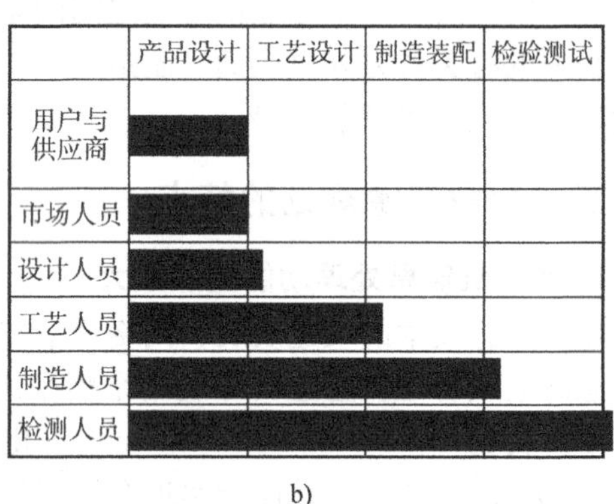

b)

图 4-10 串行工程与并行工程的区别
a）串行工程工作方式 b）并行工程工作方式

从上述定义可以看出，并行工程有两个关键思想：其一，并行工程是一种工作模式，而不是具体的工作方法；其二，并行工程从产品设计一开始就对产品的关键因素进行全面考虑，以保证产品设计一次性成功。

二、并行工程的发展历程

串行工程是基于 200 多年前英国政治经济学家亚当·斯密的劳动分工理论而提出的。该理论认为在生产中分工越细，工作效率越高。因此，串行工程把整个产品开发全过程细分为很多步骤，每个部门和个人都只做其中的一部分工作，而且相对独立进行，工作做完以后把结果交给下一部门，如图 4-11a 所示。西方把这种工作方式称为“抛过墙法”，相关人员的工作是以职能和分工任务为中心的，不一定存在完整的、统一的产品概念。这种开发模式的缺陷在于：设计早期不能全面考虑产品全生命周期中的各种因素，设计过程中不能及早考虑制造过程及质量保证等问题，造成设计与制造脱节，一旦制造过程出现的问题与设计有关时就要修改设计，后续阶段与设计有关的环节都要随之进行变更；在组织结构上采取功能部门制，信息共享存在障碍，这使得产品开发过程成为“设计→加工→测试→修改设计”大循环。虽然产品设计通过重复这一过程趋于完善，最终满足用户要求，但这种方法不仅会造成设计改动量大、产品开发周期长，还会使产品成本增加。

随着社会的发展，用户对产品质量、成本和种类的要求越来越高，产品的生命周期越来越短。因此，当市场需要新产品时，能以最短的时间开发出高质量产品的企业将在市场竞争中处于优势；而迅速开发出满足用户需求的新产品并尽快上市，成为企业赢得市场竞争的关键，其中核心的问题就是时间。另外，全球化市场竞争格局的形成，要求制造企业必须变革经营策略，提高产品开发能力，增强市场竞争能力，克服传统的产品开发模式的弊端。20 世纪 80 年代中期，并行工程的思想在这样的背景下应运而生。

1986～1992 年，是并行工程的研究与初步尝试阶段。美国国防部支持的 DARPA/DICE 计划，欧洲的 ESPRIT Ⅱ&Ⅲ计划，日本的 IMS 计划等都进行了并行工程的研究。1988 年，美国国防部防御分析研究所（IDA）以武器生产为背景，对传统的生产模式进行了分析，在著名的 R—338 报告中首次提出了并行工程的概念。

20 世纪 80 年代前，在计划经济时代，并行工程在我国就已经有了很多成功范例，如在开采石油，研制原子弹，航天工程中的应用，并被看做是社会主义优越性的表现之一，只不过当时没有并行工程这种称呼。

并行工程是一种企业组织、管理和运行过程中的设计与制造模式，是生产发展到一定阶段的产物，它要求企业具有较高的管理、设计和生产制造水平。它把传统的制造技术与计算机技术、系统工程技术和自动化技术相结合，采用多学科团队和并行过程的集成化方法，将产品串行的开发流程并行起来（图 4-11b），集成企业内的一切资源，在产品开发的早期阶段就全面考虑产品全生命周期中的各种因素，例如产品的可制造性、可装配性、可测试性等，力求使产品开发能够一次性获得成功，从而缩短产品开发周期，提高产品质量，降低产品成本。

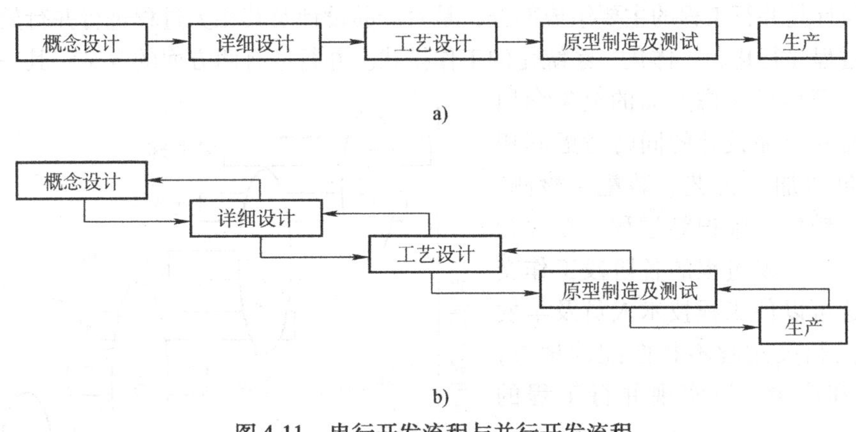

图 4-11 串行开发流程与并行开发流程

a）串行开发流程 b）并行开发流程

三、并行工程的目标

并行工程在先进制造技术中具有承上启下的作用，主要体现在两个方面：其一，并行工程是在 CAD、CAM、CAPP 等技术的支持下，将原来分别进行的工作在时间和空间上交叉、重叠，充分利用了原有技术，并吸收了计算机技术、信息技术的优秀成果，使其成为先进制造技术中的基础；其二，在并行工程中为了达到并行的目的，企业必须建立高度集成的主模型，通过它来实现不同部门人员的协同工作。为了达到产品的一次性设计成功，减少反复，因此设计过程中在许多部分应用了仿真技术。可以说并行工程的发展为虚拟制造技术的诞生创造了条件，虚拟制造技术是以并行工程为基础的，并行工程的进一步发展方向即为虚拟制造。

并行工程的目标是：提高质量，降低成本，缩短产品开发周期和上市时间。并行工程在实现上述目标中，主要通过以下方法：设计质量改进——使早期生产中工程变更次数减少 50% 以上；产品设计及其相关过程并行——使产品开发周期缩短 40% ～60%；产品设计及其制造过程一体化——使制造成本降低30%～40%。

四、并行工程的特点

1. 强调团队工作

企业为了实施并行工程，首先要实现人员的集成，必须打破传统的、按部门划分的组织模式。团队工作是并行工程系统运转的首要条件，企业需要组织一个与产品开发全过程有关的包括各部门工程技术人员的多功能小组，小组成员在设计阶段协同工作，设计产品的同时设计与之有关的全部过程，如图4-12所示。

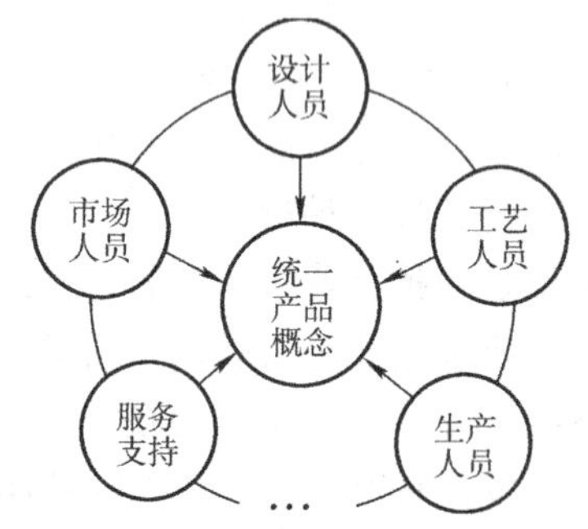

图4-12 集成产品开发团队的人员组成

2. 强调设计过程的并行性

并行设计是并行工程的主要组成部分，是对产品设计及其相关过程进行并行处理，即使设计相关过程并行化、一体化、系统化的工作模式。并行性有两方面的含义：其一是力图使开发者从一开始就考虑产品的全生命周期；其二是在产品设计的同时考虑其相关过程，包括加工工艺、装配、检测、质量保证、销售、维护等过程。在并行设计中，产品开发过程的各阶段工作交叉进行，这可以使工程技术人员及早发现设计与其相关过程不相匹配的地方，及时评估和决策，以实现并行工程的目标。

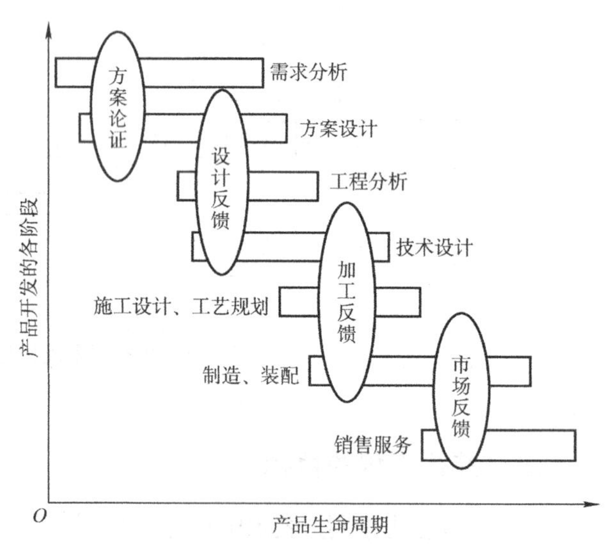

图4-13 并行设计过程

并行设计将产品开发周期分解成多个阶段，每个阶段都有自己的时间段，各时间段之间有一部分相互重叠，如图4-13所示。重叠部分代表过程的同时进行。一般情况下，相邻两个阶段可以重叠，需要时也可能出现两个以上阶段的重叠。

3. 强调设计过程的系统性

在并行工程中，设计、制造、管理等过程不再是一个个独立的单元，而是一个统一的系统。设计过程不仅产生图样和其他设计资料，还要进行质量控制、成本核算、生产进度计划等工作。

4. 强调设计过程的快速反馈

并行工程强调对设计结果及时进行审查，并及时反馈给设计人员。这样可以大大缩短设计时间，还可以及时将错误消灭在“萌芽”状态。

5. 强调仿真技术的应用

为了达到并行的目的，企业必须建立高度集中的主模型，通过它来实现不同部门人员的协同工作。为了达到产品的一次性设计成功，减少反复，并行工程在许多部分应用了仿真技术。

第九节　精益生产

一、精益生产的概念

精益生产（Lean Production，LP）是通过系统结构、人员组织、运行方式和市场供求关系等方面的变革，使生产系统能快速适应用户需求的不断变化，并能使生产过程中一切无用的、多余的或不增加附加值的环节被精简，将企业的所有功能系统地加以组合，实现以最少的资源、最低的成本，向用户提供高质量的产品和服务，也使企业获得最佳的应变能力和最大的利润的生产方式。

精益生产方式是继单件生产方式和大批量生产方式之后，在日本丰田汽车公司诞生的全新生产方式。精益中的“精”是指更少的投入，“益”是指更多的产出。精益生产在组织结构上尽量去掉一切多余的环节与人员，实现纵向减少层次，横向打破部门壁垒，实行分布式网络管理结构。精益生产的体系结构如图4-14所示。

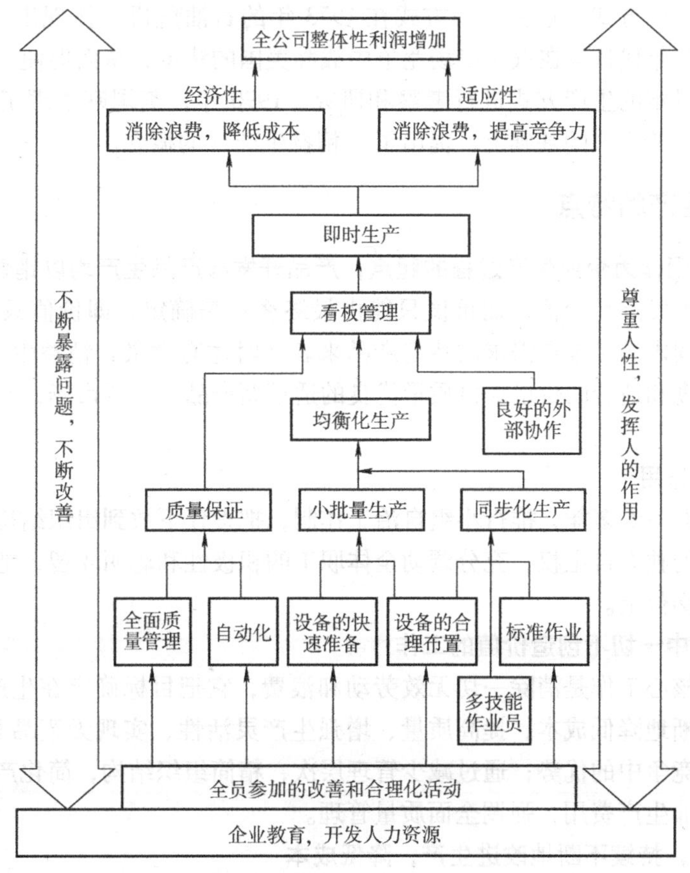

图4-14　精益生产的体系结构

二、精益生产的产生背景

第一次世界大战后，美国的福特与斯隆开创了世界制造业的新纪元，把欧洲企业领先了若干世纪的单件生产方式转变为大批量生产方式，这使美国很快控制了世界经济。但随着市场需求日益多样化、多变化，大批量生产方式日渐显露出了其缺乏柔性、不能迅速适应市场灵活变换生产的弱点。在这种情况下，起步于20世纪50年代，成熟于20世纪70年代，被世人肯定并广泛推广于20世纪90年代的精益生产方式越来越受到世人的关注。它兼备手工生产与大批量生产两者的优点，又能克服两者缺点，是一种高质量、低成本、富有柔性的新型生产方式。

20世纪中叶，当美国的汽车工业处于发展的顶峰时，以大野耐一为代表的丰田人对美国的大批量生产方式进行了彻底的分析，得出了两条结论：其一，大批量生产方式在削减成本方面的潜力要远远超过其规模效应所带来的好处；其二，大批量生产方式的纵向泰勒制组织体制不利于企业对市场的适应和职工积极性、智慧和创造力的发挥。因为泰勒制的管理方法是将工人的操作动作和工作时间进行仔细地分析并标准化，从而最大限度地提高工作效率。但这种管理模式只是将工人看做流水线上的一个“机器零件”，抑制了人性和情感。

基于这两点认识，丰田汽车制造公司根据自身面临需求不足、技术落后、资金短缺等严重困难的特点，同时结合日本独特的文化背景，逐步创立了一种全新的多品种、小批量、高效益和低消耗的生产方式。这种生产方式在1973年的石油危机中体现出了巨大的优越性，并成为20世纪80年代日本在汽车市场竞争中战胜美国的法宝，从而促使美国花费500万美元和5年时间对日本的生产方式进行考察和研究。1990年，美国麻省理工学院沃麦克教授等人在总结丰田生产方式的基础上，提出了“精益生产”的概念。

三、精益生产的特点

1. 以销售部门作为企业生产过程的起点，产品开发与产品生产均以销售为起点

精益思想的出发点是价值，而价值只能由最终客户来确定，即价值只有由具有特定价格、能在特定时间内满足客户需求的特定产品来表达时才有意义。精益生产重视客户需求，强调以最快的速度和适合的价格提供质量优良的适销新产品去占领市场，并强调向客户提供优质服务。

2. 重视人的作用

精益生产强调一专多能，推行小组自治工作制，把责任下放到组织结构的各个层次，赋予每个工人一定的独立自主权，充分调动全体职工的积极性和聪明才智，把缺陷和浪费及时地消灭在每一个岗位上。

3. 精简生产中一切不创造价值的工作

精益生产的核心工作是消除一切无效劳动和浪费，它把目标确定在生产的尽善尽美上。精益生产通过不断地降低成本、提高质量、增强生产灵活性、实现无废品和零库存等手段，确保企业在市场竞争中的优势；通过减少管理层次，精简组织结构，简化产品开发过程和生产过程，来减少非生产费用，强调全面质量管理。

4. 精益求精，持续不断地改进生产，降低成本

高库存是大批量生产方式的特征之一。在大批量生产过程中，由于设备运行的不稳定、工序安排的不合理、较高的废品率和生产的不均衡等原因，常常出现供货不及时的现象，库存被看做是必不可少的“缓冲剂”。但精益生产则认为库存是企业的“祸害”，主要是鉴于以下三个方面的理由：

（1）库存提高了经营的成本　库存是积压的资金，且资金以物的形式存在，因而是无息资金。库存不仅不会增加产出，反而会增加许多诸如仓储、管理等额外费用，并损失了货币资金的利息收入，从而使企业的经营成本上升。

（2）库存掩盖了企业的问题　传统的管理思想把库存看做是生产顺利进行的保障，当生产发生问题时，总可以用库存来缓解，库存越高，问题越容易得到解决。因此，高库存成为大批量生产方式的重要特征，超量超前生产被看做是高效率的表现。而精益生产的思想认为，恰恰是因为库存的存在，掩盖了企业的问题，使企业意识不到改进的需要，阻碍了经营的进一步改善。

（3）库存阻碍了改进的动力　为了避免因生产中出现问题而造成生产无法继续进行现象的发生，大批量生产方式采取高库存的方法使问题得以“解决”，而事实上这些问题依然存在，并将反复出现。

精益生产采用逆向的思维方式，从产生库存的原因出发，通过降低库存的方法使生产中的问题暴露出来，从而促使企业及时采取解决问题的有效措施，使问题得到根本解决，不再重复出现。如此反复地进行从暴露问题到解决问题的过程，可以使生产流程得到不断完善，从而改进了企业的管理水平和经营能力。

与单件生产方式和大批量生产方式相比，精益生产方式既综合了单件生产方式品种多和大批量生产方式成本低的优点，又避免了单件生产方式生产效率低和大批量生产方式僵化的缺点，是生产方式的又一次革命性飞跃。其优越性不仅体现在生产制造系统，同样也体现在产品开发、协作配套、营销网络以及经营管理等各个方面，它将成为21世纪标准的全球生产体系。

第十节　敏捷制造

一、敏捷制造的概念

敏捷制造（Agile Manufacturing，AM）是指企业在无法预测和持续变化的市场环境中，通过综合运用在计算机技术基础上迅猛发展的产品制造、信息集成和通信技术，充分利用企业之间的各种资源，形成对某种产品开发与制造的全球企业动态联盟，以最迅速、最节约的方式开发产品，并及时推向市场以保持并不断提高企业的快速响应和竞争能力的先进制造技术。

敏捷制造是由里海大学亚柯卡研究所与美国通用汽车公司等企业进行联合研究，于1991年正式提出来的一种新型生产模式。敏捷制造改变了传统的企业设计与制造方式，其设计、制造过程向用户透明，用户可参与设计至销售业务等各个方面的活动。敏捷制造系统的体系结构如图4-15所示。

敏捷制造的指导思想是：充分利用信息时代的通信工具和通信环境，为快速开发某一产品，在一些制造企业之间建立一个动态联盟。各联盟企业之间加强合作和知识、信息、技术

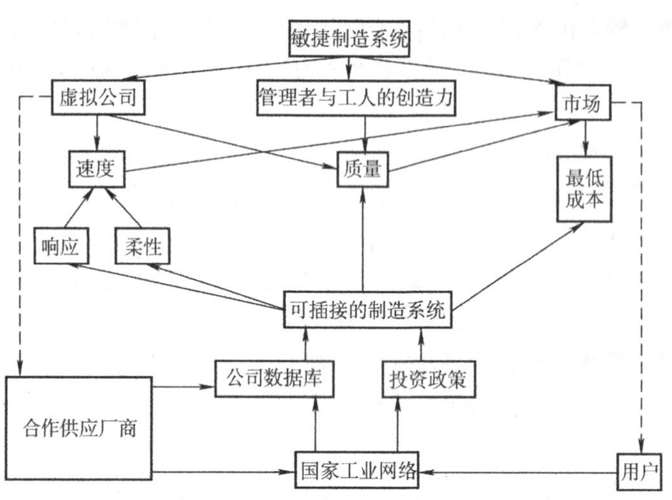

图 4-15 敏捷制造系统的体系结构

资源共享，充分发挥各自的优势和创造能力，在最短的时间内以最小的投资完成产品的设计制造过程，并快速把产品推向市场。各企业间严格履行企业合约，利益同享，风险共担。当任务或产品寿命终结时，联盟企业自行解散或缔结新的联盟。

二、敏捷制造的产生背景

第二次世界大战以后，西欧各国和日本经济遭受战争破坏，工业基础几乎被彻底摧毁，只有美国作为世界上唯一的工业国，经济一枝独秀；加之美国和前苏联争霸的需要，故美国将发展战略的重心转向了尖端技术，大力发展军事工业，热衷于军备竞赛，而将制造业列为“夕阳产业”不再予以重视。美国的产业部门一个接一个地“放弃产业制造”，由此产生了一系列的消极影响，致使美国经济严重衰退。美国的汽车工业在 1955 年占世界市场的份额为 3/4，而到 1989 年急剧降到了 1/4，而日本则抢占了 30% 的国际市场。

随着美国制造业在世界市场的急剧衰退，许多商品所占市场份额急剧下降，美国人已清楚地认识到：不能保持世界水平的制造能力，必将危及国家在国内外市场的竞争能力；制造业是一个国家经济的支柱；美国在世界事务中的威望不仅取决于强大的国防态势，而且取决于强大的制造能力，为了保持美国的领导地位，美国应实施各种策略，重振其制造业竞争力。

敏捷制造正是美国为了重新树立其在全球制造业中的领导地位，而提出的一种面向 21 世纪的新型制造模式。它综合了即时生产、制造资源规划和精益生产等先进制造管理技术的优点，能系统全面地满足高效低成本、高质量多品种、迅速及时、动态柔性等难以由一个统一生产系统来实现的生产管理目标要求，代表着现代生产管理的最新发展。

三、虚拟企业与虚拟开发

敏捷制造体系主要有两个实际内涵：虚拟企业（Virtual Enterprise，VE）和虚拟开发（Virtual Development，VD）。

1. 虚拟企业

具有较大优势的某一企业，经过市场的调查研究后完成某一产品的概念设计，然后组织其他具有某些设计制造优势的企业组成动态联盟，快速完成产品的设计加工，抢占市场。企业动态联盟中具有较大优势的企业称为盟主，其他联盟企业称为盟友。各联盟企业间通过现代通信技术相互联系，由盟主协调工作，实现同地或异地设计制造过程。虚拟企业的功能如图 4-16a 所示，其生命周期如图 4-16b 所示。

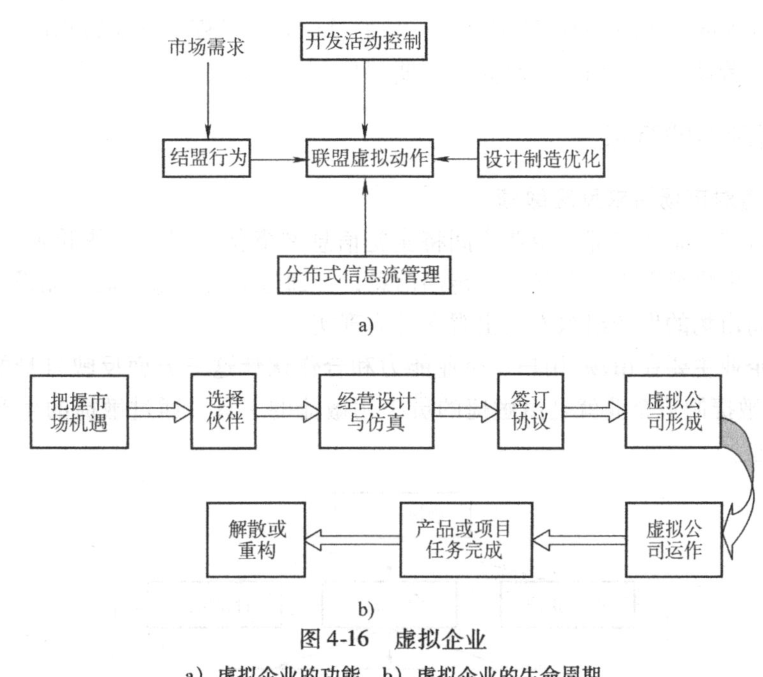

图 4-16　虚拟企业

a）虚拟企业的功能　b）虚拟企业的生命周期

2. 虚拟开发

一个产品的生命周期主要包括概念设计、结构设计、制造装配、使用等过程。产品生命周期中各阶段之间的相互关系比较复杂，且相互影响。企业要想加快开发速度，就必须借助现代化的计算机设备构成一个虚拟开发环境，如图 4-17 所示。

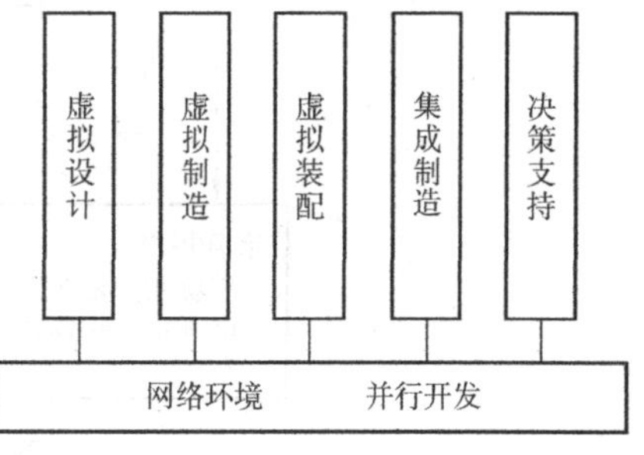

图 4-17　虚拟开发环境

（1）虚拟设计　虚拟设计应充分利用现有的 CAD 设计软件、基于特征设计的设计平台，以面向制造设计（Design For Manufacturing，DFM）、面向装配设计（Design For Assembly，DFA）和面向质量设计（Design For Quality，DFQ）的设计思想作指导来开展设计工作。在虚拟设计过程中，企业应充分利用虚拟制造、虚拟装配技术、决策支持系统等对初步的设计方案进行虚拟加工、装配，以及早发现设计上的问题。

（2）虚拟制造　企业应充分利用计算机辅助工艺规程、计算机仿真（Computer Simulation，CS）、虚拟原型制造（Virtual Prototype Manufacturing，VPM）等虚拟制造技术，对产品进行虚拟制造。利用虚拟制造技术，企业可以实现从制造的角度考察设计，并为设计的优化提供依据，也为优化制造过程提供分析和辅助工具，从而达到缩短开发周期、实现敏捷制造的目的。

（3）虚拟装配　产品的零部件设计得再好，加工再精良，如果难以完成装配，则企业将难以实现产品开发的目的。因此，在进行虚拟开发时，企业应通过虚拟装配（Virtual Assembly，VA）来考查各零部件间的结构关系是否合理。

（4）决策支持　由于机械产品的复杂性和设计加工的难度大，因此，在产品的生产全过程中，企业应充分利用人类制造领域中成功的经验和先进的知识，在决策支持系统（Decision Support System，DSS）的帮助下完成产品的设计开发过程。这对减小产品开发的风险、降低技术人员的劳动强度、缩短产品开发周期都具有重要意义。

四、敏捷制造的特点

1. 敏捷制造对市场需求反应敏捷

在敏捷制造中，企业内部、企业之间将实施信息网络化管理。这种低成本的信息传递，可以使企业在全世界范围内建立联系，传递信息，并通过并行方法开展产品设计及其相关过程，从而使面向市场的生产组织方式由观念转为现实。

敏捷制造企业主要在市场/用户、企业能力和合作伙伴这三方面反映自身的敏捷性，如图4-18所示。敏捷制造企业就是由敏捷的员工用敏捷的工具，通过敏捷的生产过程制造敏捷的产品的企业。

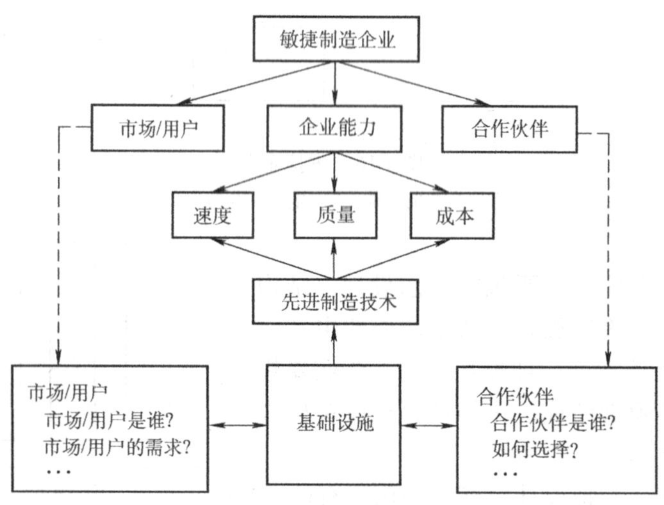

图4-18　敏捷制造企业的示意图

2. 敏捷制造是高度柔性化、无库存的生产组织方式

敏捷制造是以企业动态联盟为基础的生产组织方式，虚拟企业是实现敏捷制造的一种理想形式。这种动态组织结构，具有高度的柔性，能快速响应市场，可以实现多品种小批量生产。同时，由于这种组织结构是由一些独立的企业通过网络联系起来的，因此，这是一种低成本的联络，且这种企业间的低成本联络可以降低传统制造方式中的库存。

3. 敏捷制造企业的生产成本与生产批量无关

如今，市场对产品的多样化和个性化要求越来越高，而敏捷制造的一个突出表现就是可以灵活地满足产品多样化的需求，这一点可以通过高度柔性、可重组、可扩充的设备和动态多变的组织方式来保证。所以，敏捷制造可以使生产成本与生产批量无关，做到完全按订单生产。

4. 产品服务可以全程面向用户

敏捷制造采用模块化、柔性化的产品设计方法和重组工艺设备，可以使产品的性能根据用户的具体要求发生改变；借助 CAD、计算机集成制造和仿真技术，可让用户很方便地参与设计、虚拟制造。在整个产品生产期、使用期，用户都将获得面对面的服务和全面的解决方案。

5. 敏捷制造可以做到充分的资源共享

广泛的企业内外网络联系，可以使制造资源（知识资源、信息资源和物质资源等）突破企业内部的等级、部门等知识共享障碍和企业间的地域界限，发挥其最大的经济潜力。这可以改变企业间你死我活的输赢关系，而代之以互利合作的共赢关系，体现了全新的现代经营理念。

6. 敏捷制造可以充分发挥人的作用

有关研究表明，影响敏捷制造企业竞争力的最重要因素是工作人员的技能和创造能力，而不是设备，所以敏捷制造提倡以人为中心的管理理念，强调用分散决策代替集中控制，用对话沟通机制代替递阶控制机制。敏捷制造的基础组织是“多学科群体”，是以任务为中心的一种动态、松散组合，其提倡“基于统观全局的管理”，可以充分做到权力下放，以此来调动和发挥人的主动性和积极性。

第十一节　虚拟制造

一、虚拟制造的概念

虚拟制造（Virtual Manufacturing，VM）是以虚拟样机技术和仿真技术为基础，对产品的设计、生产过程统一建模，在计算机上实现产品从设计、加工、装配、使用等整个生命周期的模拟和仿真的先进制造技术。利用虚拟制造，工程技术人员可以在产品的设计阶段就模拟出产品外形、性能和制造过程，以此来确定产品设计及生产的合理性，评估、优化产品的设计质量和制造过程，优化生产管理和资源规划，以实现产品开发周期的最短化和成本的最小化，产品设计质量的最优化和生产效率最高化，增强实际制造时各级的决策和控制能力，从而形成企业的市场竞争优势，如图 4-19 所示。

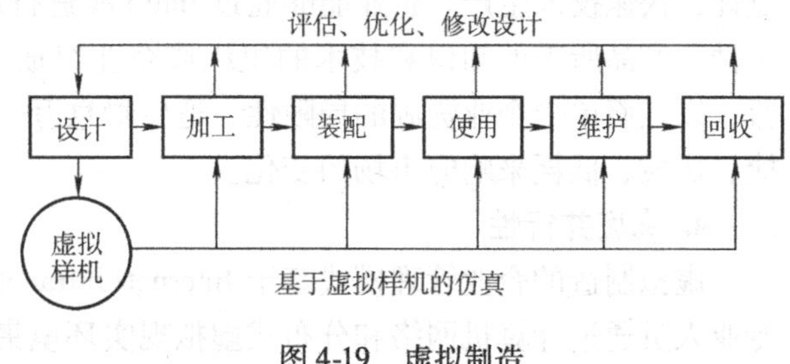

图 4-19　虚拟制造

二、虚拟制造的产生背景

20 世纪 70 年代以来，全球市场由相对稳定逐步转向瞬息万变，并由局部竞争演变成全球范围内的竞争。与此同时，以信息技术为代表的高新技术取得了迅猛发展，并且在制造领域得到了广泛而深入的应用。虚拟制造是 20 世纪末由美国首先提出并迅速发展的一种新思想。虚拟制造涉及多个学科领域，它集现代制造工艺、并行工程、人工智能、虚拟样机技术以及多媒体技术等高新技术为一体，是一项由多学科知识形成的综合技术。所谓“虚拟”，是相对于产品的实际制造而言的，强调的是产品制造过程的计算机化。虚拟制造与实际制造的相互关系表现为：一方面，实际制造可生产出真实产品，通过对实际制造进行抽象、分析和综合，可以得到实际产品的全数字化模型，所以虚拟制造不是无源之水、无本之木，而是实际制造过程在计算机环境下的映射；另一方面，虚拟制造的最终目标是反作用于实际制造过程，用来指导生产实践。因此，虚拟制造是实际制造的抽象，实际制造是虚拟制造的实例。

三、虚拟制造的特点

1. 高度集成，提高企业灵活性

虚拟制造是制造过程诸多子过程譬如虚拟设计、虚拟加工、虚拟装配等的高度集成，是多个子过程的综合，且各子过程间相互影响、相互支持，共同完成对实际制造过程的分析与仿真。它的制造环境是虚拟模型，是在计算机上对虚拟模型进行产品设计、制造和测试。虚拟样机技术和柔性制造技术已经使虚拟产品销售成为可能，即企业先通过虚拟样机找到客户，再组织生产，因此应用虚拟制造技术的企业，在产品制造和市场竞争方面更具灵活性。

2. 降低开发成本，提高生产效率

虚拟制造无须制造实物样机就可以预测产品性能，设计人员或用户甚至可“进入”虚拟的制造环境检验产品的设计、加工、装配等项目，而不必对原型机进行反复修改。因此，应用虚拟制造技术，企业可以在产品开发中及早发现问题，以节约制造成本。

企业应用虚拟制造技术这样的高效研发手段，可促使产品的更新换代加快，可使产品开发风险降低，从而使企业的生产效率大大提高，以适应“最快者生存”的企业市场竞争法则。

3. 支持敏捷制造

产品生产的数字化，不但可大大节省仓储费用，更能根据用户需求或市场变化快速修改设计，快速投入生产。企业能够通过 Internet 进行产品信息的快速交流，并可以将具有开发某种新产品所需的知识和技术的组织或企业组成一个临时的企业联盟，即企业间的动态联盟，以克服单个企业资源的局限性，适应瞬息万变的市场需求和激烈竞争，使产品开发以快捷、优质、低耗来响应市场的变化。

4. 高度并行性

虚拟制造的企业管理模式基于 Internet/Intranet，可使分布在不同地点、不同部门的不同专业人员通过计算机网络和分布式虚拟现实环境集中在同一个产品模型上同时工作，并可以实现相互交流，信息共享，以减少大量的文档生成及其传递的时间和误差，使整个制造活动具有高度的并行性。

5. 人机交互性

通过虚拟现实环境，工程技术人员可将计算机的计算和仿真过程与人的分析、综合和决策过程有机地结合起来。

6. 对技术人员提出更高要求

虚拟制造要求组织多学科的产品开发小组协同工作，因此各产品开发小组的设计员必须了解虚拟样机技术相关专业的知识，专业分析员也必将转变为产品设计者。虚拟制造中协同工作能力将成为企业技术人员最重要的素质。

四、虚拟制造在制造业中的应用效益

对虚拟制造技术的研究在工业发达国家开展得较早，并首先将虚拟制造成功地应用到了飞机、汽车、军事等领域。虚拟制造可以在计算机上全面模拟产品从设计到制造和装配的全过程。基于虚拟制造概念的制造集成系统如图4-20所示。采用虚拟制造技术可以给企业带来下列效益：

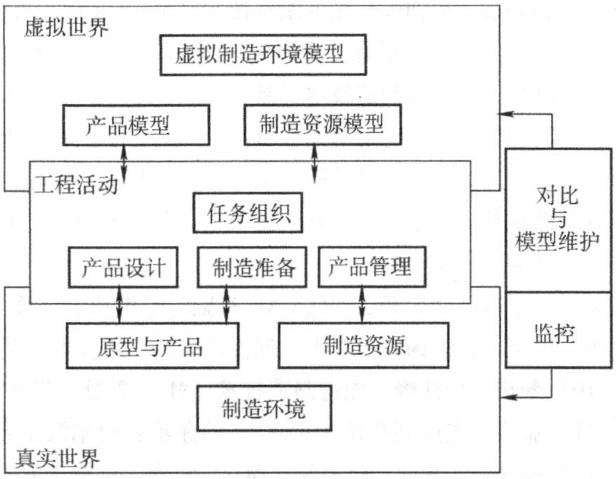

1）为企业提供设计信息和管理策略对生产成本、周期以及生产能力的影响等关键信息，以便企业正确处理产品性能与制造成本、生产进度和风险之间的关系，作出正确的设计和管理决策。

2）提高产品开发效率，可以按照产品的特点优化生产系统的设计。

图4-20　虚拟制造集成系统结构

3）通过对生产过程的模拟，企业可优化资源的利用，缩短生产周期，实现柔性制造和敏捷制造，降低生产成本。

4）可以根据用户的要求修改产品设计，及时作出产品报价，可以保证产品交货期。

目前，虚拟制造技术应用效果比较明显的领域有产品外形设计、产品布局设计、产品运动学和动力学仿真、热加工工艺模拟、加工过程仿真、产品装配仿真、虚拟样机与产品工作性能评测、产品广告与推广、企业生产过程仿真与优化、虚拟企业的可合作性仿真与优化等。

思考与练习

1. 有人认为现代社会只需要大力发展先进的制造技术，管理模式的更新无足轻重，你是如何理解这一说法的？

2. 什么叫全面质量管理？全面质量管理有何特点？

3. 什么叫六西格玛管理？六西格玛管理有何特点？

4. 什么叫成组技术？为什么要实施成组技术？成组技术有哪些方面的应用？

5. 什么叫即时生产？实施即时生产有何要求？

6. 什么叫物流管理？物流管理有何作用？

7. 什么叫企业资源规划？企业资源规划经历了哪几个阶段？

8. 什么叫并行工程？与传统的制造方式相比，并行工程有何特点？

9. 什么叫精益生产？精益生产是如何产生的？

10. 如何理解精益生产认为的“库存是企业的‘祸害’”这一说法？

11. 什么叫敏捷制造？与传统的制造技术相比，敏捷制造有何优势？

12. 什么叫虚拟制造？虚拟制造有何特点？

参考文献

[1] 卢小平．现代制造技术［M］．北京：清华大学出版社，2006.

[2] 盛晓敏，邓朝晖. 先进制造技术［M］. 北京：机械工业出版社，2005.

[3] 赵云龙．先进制造技术［M］．北京：机械工业出版社，2005.

[4] 李伟光．现代制造技术［M］．北京：机械工业出版社，2007.

[5] 周春华．机械制造基础［M］．长沙：湖南大学出版社，2009.

[6] 赵汝嘉．先进制造系统导论［M］．北京：机械工业出版社，2003.

[7] 路甬祥. 团结奋斗　开拓创新　建设制造强国，1004-132X（2002）23-1989-08[R]. 中国机械工程学会年会，2002.

[8] 刘子建，叶南海. 现代 CAD 基础与应用技术［M］．长沙：湖南大学出版社，2004.

[9] 韩荣第，王扬，张文生．现代机械加工新技术［M］．北京：电子工业出版社，2004.

[10] 黎震，朱江峰．先进制造技术［M］.2 版．北京：北京理工大学出版社，2009.

[11] 施平．先进制造技术［M］．哈尔滨：哈尔滨工业大学出版社，2006.

[12] 戴庆辉．先进制造系统［M］．北京：机械工业出版社，2006.

[13] 韩春鸣．机械制造基础［M］．北京：化学工业出版社，2006.

[14] 谭雪松，漆向军．机械制造基础［M］．北京：人民邮电出版社，2008.

[15] 朱荣华．机械加工方法与设备［M］．北京：人民邮电出版社，2009.

[16] 曾家驹．机械制造技术［M］．北京：机械工业出版社，2004.

[17] 张若锋．机械制造基础［M］．北京：人民邮电出版社，2006.

[18] 王弘．机械制造基础［M］．北京：北京理工大学出版社，2006.

[19] 杜可可．机械制造技术基础［M］．北京：人民邮电出版社，2008.

[20] 苏发，李文双，孙洪江，等. 超高速切削加工及其关键技术［J］. 煤矿机械，2004（7）：80-82.

[21] 袁峰，王太勇，王双利. 高速切削技术的发展与研究［J］. 机床与液压，2005，（12）：8-11.

[22] 汪哲能. 干式切削——金属切削加工发展新方向［J］. 大学时代，2006（2）：176-178.

[23] 汪哲能. 干式切削的关键技术［J］. 邯郸职业技术学院学报，2009（1）：35-37.

[24] 邢海涛，樊有海. DMG 技术在高速加工领域的用武之地［J］. 机械工人（冷加工），2004，（7）：4-5.

[25] 刘悦，刘英舜. 超高速加工技术的应用和发展趋势［J］. 机床与液压，2003（5）：6-7.

[26] 余唤春，许修路，花杏华，等．模具高效加工技术［J］．金属加工（冷加工），2010，（8）：14-20.

[27] 汪哲能．并联机床的关键技术［J］．科技资讯，2008（30）：68-70.

[28] 汪哲能．并联机床研究趋势及我国发展现状分析［J］．中国新技术新产品，2009（24）：142.

[29] 隋秀凛．现代制造技术［M］．北京：高等教育出版社，2003.

[30] 周志斌，肖沙里，周宴，等．现代超精密加工技术的概况及应用［J］．现代制造工程，2005（1）：121-123.

[31] 王运赣．快速成形技术［M］．武汉：华中科技大学出版社，2008.

[32] 刘晓辉．快速成形技术发展综述［J］．农业装备与车辆工程，2008（2），10-13.

[33] 张冰，刘军营．快速成形技术及其发展［J］．农业装备与车辆工程，2006（12），47-51.

[34] 单联娟．陶瓷器件的快速原型制造技术研究进展［J］．江苏陶瓷.2005（3），14-17.

[35] 周振君．陶瓷喷墨打印成型技术进展［J］．硅酸盐通报，2000（6），37-41.

[36] 王先逵．计算机辅助制造［M］.2 版．北京：清华大学出版社，2008.

[37] 杨建明，邹军．数控加工工艺与编程［M］．北京：北京理工大学出版社，2006.
[38] 邓健平，张若锋．数控机床控制技术［M］．长沙：中南大学出版社，2007.
[39] 陈子银．数控加工技术［M］．北京：北京理工大学出版社，2006.
[40] 任东．数控机床与编程［M］．长沙：中南大学出版社，2008.
[41] 董建国，王凌云．数控编程与加工技术［M］．长沙：中南大学出版社，2008.
[42] 晏初宏，袁金成．数控机床［M］．长沙：中南大学出版社，2007.
[43] 理查德 R 基比，约翰 E 尼利，罗兰 O 迈耶，等．机械制造基础（下）：机床分册（二）［M］．7 版．付铁，杨梦辰，钱逸秋，等译．北京：中国劳动社会保障出版社，2004.
[44] 汪哲能．现代制造业的发展方向——绿色制造［J］．装备制造技术．2010（3），73-74.
[45] 廉师友．人工智能技术导论［M］．西安：西安电子科技大学出版社，2004.
[46] 刘晋春，赵家齐，赵万生．特种加工［M］．4 版．北京：机械工业出版社，2005.
[47] 刘军，黄伟华，吕梁．先进制造技术与知识创新［J］．机电产品开发与创新，2005（7）：17-21.
[48] 汪星明，施礼明．现代生产管理［M］．北京：中国人民大学出版社，2002.
[49] 胡彬，于俭．先进制造管理系统：原理、软件和实施［M］．北京：电子工业出版社，2002.
[50] 何晓群．六西格玛管理理论与实践探索［M］．北京：中国统计出版社，2009.
[51] 金以元．成组技术应用的探讨［J］．成组技术与生产现代化，2005，22（3）：58-60.
[52] 孙进平．计算机辅助成组技术在制造企业中的实施方法［J］．煤矿机械，2006（4）：12-14.
[53] 文放怀．精益生产入门［M］．广州：广东经济出版社，2006.